科学
发现
之旅

U0390941

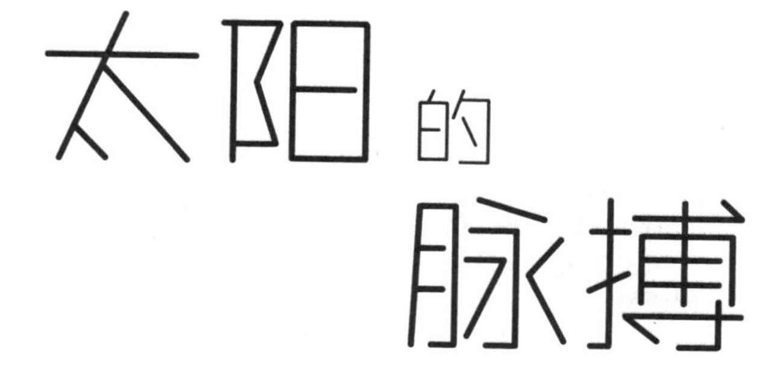
太阳的
脉搏

陈积芳——主编　赵君亮 等——著

上海科学技术文献出版社
Shanghai Scientific and Technological Literature Press

图书在版编目（CIP）数据

太阳的脉搏 / 赵君亮等著．一上海：上海科学技术文献出版社，2018
（科学发现之旅）
ISBN 978-7-5439-7689-4

Ⅰ．①太… Ⅱ．①赵… Ⅲ．①太阳—普及读物 Ⅳ．①P182-49

中国版本图书馆 CIP 数据核字 (2018) 第 159542 号

选题策划：张　树
责任编辑：王　珺
封面设计：樱　桃

太阳的脉搏
TAIYANG DE MAIBO
陈积芳　主编　赵君亮　等著
出版发行：上海科学技术文献出版社
地　　址：上海市长乐路 746 号
邮政编码：200040
经　　销：全国新华书店
印　　刷：常熟市华顺印刷有限公司
开　　本：650×900　1/16
印　　张：15
字　　数：144 000
版　　次：2018 年 8 月第 1 版　2018 年 8 月第 1 次印刷
书　　号：ISBN 978-7-5439-7689-4
定　　价：32.00 元
http://www.sstlp.com

目录

地球形状及其圈层结构

提出地球是球形这一概念最早可追溯至公元前五、六世纪。不过，当时希腊毕达哥拉斯学派的哲学家们只是从球形最为完美这一观念出发而产生这种看法的，并没有科学根据。五百多年后，亚里士多德注意到月食时月球上地球的影子是一个圆，首次以科学的观点论证了地球是一个球体。

人们早就试图通过实测的方法来确定地球的大小。公元前 3 世纪，古希腊地理学家埃拉托斯特尼成功地用三角测量方法测得了阿斯旺和亚历山大城之间的子午线长度。中国唐朝从开元十二年起，在著名天文学家、佛学家张遂（即一行）的指导下，由南宫说率领的测量队在河南省平原地区进行了类似的工作。从这类测量的结果，不难推算出地球的半径，即地球的大小。

通常我们可以说地球是一个半径约为 6 400 千米的球体，这是对地球形状最粗略的描述。比较严格地说，地球应该是一个扁椭球体，赤道半径为 6 378 千米，两极方向略微扁一些，极半径比赤道半径短 21 千米。地球的这种形状是由地球诞生初期的状态所决定的，其中一个重要因素是地球有自转。一个有自转的物体，只要它不是理想刚体，那么经过或长或短的一段时间后，最终必然形成扁椭球体。说得更严格一点，地球的赤道也是一个椭圆，这样地球就是一个三轴椭球体。不仅如此，精确的大地测量表明，地球的南北半球并不是对称的，南极向外凸出约 10 米，北极向内凹进约 30 米。正因为如此，有人说地球具有梨状的外形，这个“梨子”的端部就在地球的北极。

固体地球大体上可以分为地壳、地幔和地核三部分，其间有两个间断面。位于地表以下平均 30 多千米处的是莫霍洛维奇间断面，简称莫霍面。在地表以下约 2 900 千米处的是谷登堡—维舍特间断面。莫霍面以上是地壳，其厚度在大陆部分为数十千米，在大洋底部只有几千米，岩石的成分有花岗岩等。莫霍面和谷登堡—维舍特间断面之间的是地幔。地幔的厚度约有 2 800 千米，根据所含矿物成分的不同又可分为上地幔和下地幔，其中深度 1 000 千米以上部分为上地幔，以下部分为下地幔。地幔物质的主要成分可能与橄榄岩相类似。地核的半径约为 3 480 千米，其中外核是一种液态圈层，厚度为 2 200 千米，而固态内核的半径约为 1 280 千米。地核主要由铁和镍等金属物质构成。迄今为止，有关几千米以下的地球深层结构，都是通过对地震波传播规律的研究间接推测出来的。

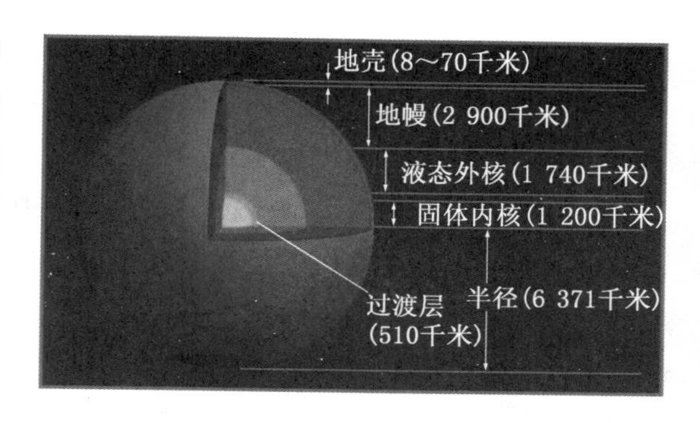

▲ 地球内部结构示意图

地球除了海洋以及固体部分以外，周围还有一层厚厚的空气，称为大气层。地球表面附近的空气密度比较高，离开地面越远空气的密度越低，通常所说的标准大气压就是指海平面附近空气的压强。严格来说，大气层没有明确的边界，不过一般认为大气层的厚度为 1 000 千米左右。大气层下部的 8 ～ 18 千米高度带称为对流层，具体情况随纬度、季节以及其他一些条件而异。总体上说，赤道地区对流层最厚，两极上空对流层最薄。在对流层中，大气对流运动显著，温度随高度的增加而迅速下降。对流层以上到约 50 千米高度处是平流层，大气主要是平流运动。在平流层中，大气的温度变化不大，随高度的增加只是略微上升，故又称同温层。臭氧层位于平流层的顶部。离地面 50 ～ 85 千米的一层称为中间

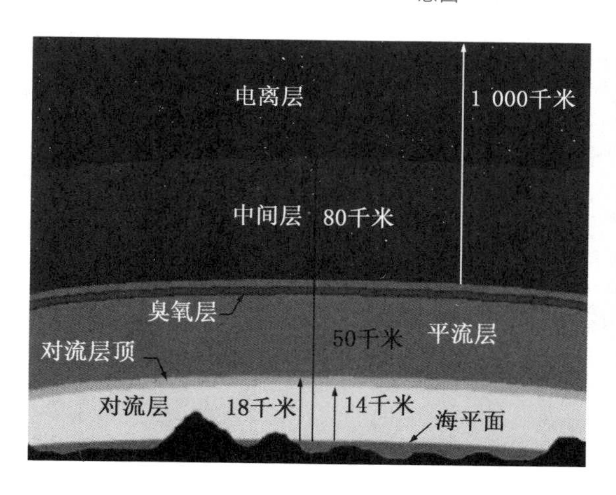

▲ 地球大气

层，温度随高度的增加而下降，最高处降为 -80 ℃。再往上就是电离层，电离层是以上诸层中最厚的一层。从温度变化来说，85 千米以上称为热层，温度随高度的增加而上升，最高处（高度 500 千米）可达 1 100 ℃左右。

总的来说，从地核深处到大气层，地球表现为一种圈层结构。最外面的是大气层，称为大气圈。地幔上部有一个厚度约为 200 千米的区域，其中的固态物质中混有少量液态物质，这一区域称为软流圈。软流圈以上的地幔连同地壳并称为岩石圈，厚度约为 100 千米。地球表面上由海水和陆地水组成的系统称为水圈，其中海水占总量的 97.3%，而大气中的水蒸气仅占 0.001%。水圈的形成已有 30 亿年的历史。地球上的各种生态系统，包括动物、植物、微生物等等，也构成了一个连续的圈层，称为生物圈。生物圈中的各种生物在地球上生活、繁衍、进化，从而使我们的地球变得生机勃勃、绚丽多姿。

（赵君亮）

地球上一天长度的变化

如果有人告诉你，地球上每一天的长度并不是严格相同的，你也许会感到惊讶或者不可思议。然而，事实的确如此，地球上一天的长度（日长）并不是恒定不变的，而是有着微小的变化，造成这种日长变化的原因是地球自转速度的不均匀性。1979 年 12 月 27 日，英国皇家格林尼治天文台曾宣布，1980 年的到来将迟 1 秒，或者说 1979 年的最后 1 分钟有 61 秒，而不是通常的 60 秒！为了说明这个问题，我们得从时间的定义谈起。

在天文学上和日常生活中，规定以地球自转一周所经历的时间为 1 天。为了使用上的方便，又把 1 天等分为 24 小时，1 小时等分为 60 分，1 分再等分为 60 秒。因此，决定昼夜变化规律的地球自转周期成为最基本的时间计量依据。这一方面是日常生活和工作的需要；另一方面在于长期以来人们认为地球自转是非常均匀的，相当于一台质量非常好的时钟，可以用来计量时间的流程。在天文学上，这种以地球自转为基础的时间计量系统称为世界时，并为世界各国所采用。

20 世纪以来，随着观测技术的进步和观测精度的提高，天文学家确认地球自转速度是不均匀的。这一重要发现动摇了以地球自转作为时间计量基准的传统概念，世界时的地位出现了问题。

地球自转速度有三种变化，即长期减慢、不规则变化和周期变化。地球自转的长期减慢使日长在每 100 年内大约增长 1 ～ 2 毫秒（1 秒 = 1 000 毫秒），两千年来的累积效应使以地球自转周期为基准所计量的时间慢了两个多小时。

所谓不规则变化是指地球自转速度除了有长期减慢的趋势，有时会转得快一些，有时又会转得慢一些。

地球自转速度的周期性变化有多种成分。20 世纪 30 年代发现季节性变化，这种变化主要由太阳的潮汐作用引起。此外还有一些更短周期（主要是一个月和半个月）的变化，幅度只有 1 毫秒左右，主要起因于月球的潮汐作用。

鉴于地球自转速度存在上述变化，在今天用世界时系统来计量时间就显得不够精确、不够均匀了。1958 年国际天文学联合会决定，从 1960 年起采用历书时来取代世界时。所谓历书时是以地球公转运动周期（回归年）为基准，定义回归年长度（365.242 2 日）的

1/31 556 925.974 7 为一秒，称为历书秒，而 86 400 历书秒为 1 天。1967 年国际计量委员会进一步决定，以更均匀的原子时来代替历书时。

现在，新的问题又来了。尽管历书时或原子时系统一天的长度，要比世界时系统中一天的长度更为稳定，但人们的生活规律却必须纳入世界时系统，这是因为决定昼夜变化规律的是世界时，而不是历书时或原子时。要是不考虑这一点，经过一段时间后，历书时或原子时系统总的时间长度就会与世界时系统中同样秒数的时间长度相差 1 秒，两种时间系统中的时刻就会不同步，而这种差异的长期累积是不容许的。为了解决这一矛盾，国际计量局统一规定，自 1972 年起，在每年年底或年中，对世界时增加或减去 1 秒，以平衡因地球自转不均匀性所造成的日长变化，这 1 秒称为闰秒。闰秒由原子钟算出，如果与原子时系统比较，世界时时刻相对落后，则需要添加闰秒，以保证两种时间系统中时刻之间的同步，其差异不超过 1 秒。

1972 年到 1999 年之间世界时已添加了 22 次闰秒。然而，观测表明，长期以来一直呈减慢趋势的地球自转速度自 1999 年起开始加快，因而到 2003 年世界时已经连续 5 年没有添加闰秒了。

（赵君亮）

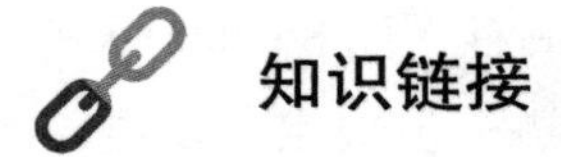

知识链接

证明地球自转

一、牙签法

先用一个脸盆装满水，放在水平且不易振动的地方，待水静止后，轻轻放下一根木质细牙签，并在牙签的一端做一个记号，记住牙签的位置，过几个小时后（最好在 10 个小时以上），再去看时你就会发现，牙签已经转动了一定角度，看起来好像是牙签在转动，其实它并没有转动，而是地球在转动。在北半球，牙签作顺时针转动，因为地球自转在北半球看起来是逆时针方向的。在南半球则与北半球的相反。

二、炮弹法

地球时刻不停地自转，地面上水平运动的物体必然相对地发生持续的右偏（北半球）或左偏（南半球）。根据这种现象，人们分析射出的炮弹运动的方向，就能证明地球在自转。

三、重力加速度法

地球在时刻不停地自转，由于惯性离心力的作用，地面的重力加速度必然是赤道最小、两极最大；地球不可能是正球体，而必然是赤道略鼓、两极略扁的旋转椭球体。重力测量和弧度测量的结果，证实了这些观点的正确性，也就从一个侧面证实了地球的自转。

人的重量因地而变

你也许看到过这样的镜头：宇航员在月球表面上行走，但他们的行走方式有点古怪，不是像地球上正常人的步行，而是有点像在跳跃式地前进。由于人到了月球表面，体重减少为地球上的1/6，人的感觉有点“飘飘然”，步子也就变得不稳了。理论上说，如果你在地球上能够跳过1.2米的高度，那么在月球上你就可以跳过7.2米高的两层楼房。

质量和重量是两个不同的概念。质量m是物质的一种固有属性，一个物体A的质量是指该物体中所包含物质的数量。重量则是对物体A在另一个很大的物体B（如地球、月球等）上所受作用力大小的一种量度，一般情况下主要的作用力是物体B对物体A的万有引力。如果我们先来考虑地球这样的大物体，那么由于它有自转，地球上所有的物体除了受到地球引力 F 的作用外，还会受到因自转引起的离心力 f 的作用。因此，物体 A 的重量 G 可以用 F 和 f 的合力来度量，而物体重量的大小就与它所受到的引力和离心力的大小有关。对于有自转的天体来说，由于离心力的存在，物体所受到的重力（重量）总是小于或等于它所受到的引力。

根据牛顿定律，引力 $F = mg$，其中 m 是物体的质量，在地球上 g 就是地球的重力加速度。在地面以上，g 的数值取决于地球的质量 M 和物体 A 到地球中心的距离 r，距离越远，g 的数值越小。另一方面，离心力 f 的大小与物体 A 所在的纬度 φ 有关：赤道上的离心力最大，纬度越高，离心力越小，在地球的两极离心力为零。

从上面的讨论我们不难知道，质量为 m 的一个物体 A，它的重量并不是固定不变的，而是与大物体 B（这里是地球）的质量 M、物体 A 到地心的距离 r 以及物体 A 所在的纬度 φ 有关。地球的形状大致是一个扁的旋转椭球体，因此地面上不同纬度处的物体到地心的距离也是不同的，纬度越高，物体到地心的距离越短。综合以上因素可知，在地球上，离地球表面越远，物体的重量越小；另一方面，纬度越高，物体的重量越大。特别有趣的是，在地球中心，由于物体所受到的来自地球各部分物质的引力作用互相抵消，离心力也不存在，所以不管物体的质量有多大，重量总是为零。

现在我们来看月球。月球质量约等于地球质量的1/81.3，月球半径约为地球半径的3/11，因此月球表面的重力加速度（1.62米/秒^2）只有地球表面重力加速度（9.8米/秒^2）的1/6。由于月球的自转速度很慢，离心力的影响可以忽略不计，因此月球上宇航员的体重只有他在地球上体重的1/6。于是，已经长期习惯在地球上活动的宇航员，一旦到了月球上便会有一种轻飘飘的感觉，走起来就像是在一跳一跳地前进。

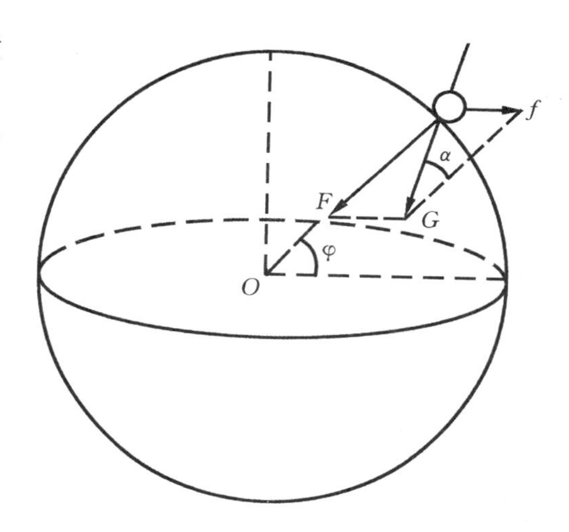

▲ 重力G与引力F和离心力f之间的关系示意图

太阳的质量是地球质量的33万倍，太阳半径为地球半径的109倍，太阳表面的重力加速度是274米/秒^2，约为地球表面重力加速度的28倍。如果我们暂不考虑太阳的高温，那么一个体重60千克的人，到了太阳表面，体重便增加到接近1 680千克！人会因自身体重所累而寸步难行，甚至动弹不得。

大质量恒星到晚期会变成中子星。中子星是一种致密的奇异天体，其质量可能超过太阳质量，而半径却只有10千米左右，密度高达每立方厘米$10^8 \sim 10^9$吨，比白矮星密度高出1亿倍。简单的计算表明，中子星表面的重力加速度为1.2×10^{12}米/秒^2，是白矮星表面重力加速度的40万倍，约为地球表面重力加速度的1 300多亿倍。60千克体重的人在那儿就会重达80亿吨，简直令人匪夷所思！

不但地球，宇宙中的各类天体大多有自转运动，这样就必然存在离心力，也会影响到物体的重量。离心力的大小与大物体的自转角速度的平方成正比。有一类中子星的自转速度很快，可达每秒转动1 000周。对于这种快速自转的中子星来说，赤道上的离心加速度可达4×10^{11}米/秒^{2}，约为重力加速度的1/3。这就是说，体重60千克的人在这样一颗快速自转中子星赤道表面上的实际重量应为80×（1－1/3）≈53.3亿吨。

物体的质量不会因物体所处的地点和条件的不同而发生改变。现在，你可以明白质量和重量这两个概念有多大的不同了吧。

（赵君亮）

投票决定的地球经度起算点

现在，谁都知道地理经度是以通过英国格林尼治（Greenwich）天文台原址的本初子午线起算的。为了确定这个起点，人类着实费了一番周折。

地球上一个地方的经度值与经度的起算点有关，起算点不同，同一地方的经度值也不同，通过起算点的经度线称为本初子午线。要画出一张世界地图，首先必须确定本初子午线的位置，然后世界各国的地理位置才能相应地定下来。因此，具有国际性的本初子午线如何确定，必须为世界各国所公认。否则的话，如果不同国家各有自己的“本初子午线”，那么必然会造成很大的混乱和麻烦。

最早，古希腊天文学家喜帕恰斯用他进行天文观测的地点——爱琴海上的罗德岛作为经度起算点；而托勒

游客在格林尼治天文台观测室门口脚踏东西两半球摄影留念 ►

密则用幸运岛为起算点，幸运岛即现今的加纳利群岛，位于大西洋中非洲的西北海岸附近。当时认为这就是世界的西部边缘，对于把地球当作一大块平地的人们来说，这就是世界的起点。

到中世纪时，各个国家更是我行我素，通常都各自选择首都或主要天文台作为本初子午线通过的地方。航海家们则另搞一套，他们往往采用某一航线的出发点作为经度起始点，因而就有“好望角东 26°32′”这一类的表示法，今天来看这当然是很可笑的。直到 18 世纪初，大部分海图的原点仍取决于绘制出版这张图的国家所定的原点。在法国，甚至在同一张图上会出现多种距离比例尺，真是混乱不堪。

1767 年，根据格林尼治天文台提供的观测数据所绘制的英国航海历出版了。这时，英国已经取代西班牙和荷兰等国而成为头号海上强国，英国出版的航海历自然也广为流传，并为其他国家所仿效。这意味着，格林尼治已开始成为许多海图和地图的本初子午线。1850 年，美国政府决定在航海中采用格林尼治子午线作为本初子午线。1853 年，俄国海军大臣宣布，不再使用专门为俄国制订的航海历，而代之以格林尼治为本初子午线的航海历。这些决定为后来本初子午线的最终确定打下了基础。

1883 年，在罗马召开第七届国际大地测量会议，会议考虑到当时 90% 的航海家已根据格林尼治来计算经度，因而建议各国政府应采用格林尼治子午线作为本初子午线。会议同时还提出，当全世界这样做的时候，英国应该把英制改为米制（公制）。拿格林尼治作本初子午线，来交换让英国改用米制，这里似乎还有一笔交易！

问题直到 1884 年才得以最后解决。那一年的 10 月 1 日，在美国的发起下，于华盛顿召开了国际子午会议。10 月 23 日，大会以 22 票赞成，1 票（多米尼加）反对，2 票（法国和巴西）弃权，通过了一项决议，向全世界各国政府正式建议，采用经过格林尼治天文台子午仪中心的子午线作为经度计算起点的本初子午线。这次大会的决议还详细规定，经度从本初子午线起，向东西两边计算，从 0° 到 180°，向东为正，向西为负。这一建议后来为世界各国所采纳，而且也是今天我们用来计算经度的基本原则。

1953年，格林尼治天文台迁移到东经0°20′25″的地方，但全球的经度仍然以位于伦敦附近的格林尼治天文台原址为零点来计算。现在那里有一间专门的房间，里面妥善保存着一台子午仪，在它的基座上刻着一条垂直线，那就是本初子午线。房间大门的上方和门口的地面上同样也刻有标志本初子午线的白色直线，许多旅游者都要站在这间房间的门口摄影留念。日后，他们会向亲朋好友们夸耀说：你们看，我的两条腿分别站在东西两半球上！可惜的是，大名鼎鼎的格林尼治天文台几经搬迁，最后搬到了著名学府所在地剑桥，并且令人惋惜地寿终正寝：英国政府因某种原因居然把格林尼治天文台撤销了。

（赵君亮）

如果地球自转轴与地球公转轨道面垂直

现在我们都知道，由于地球绕着太阳作公转运动，周期是一年，而地球的自转轴又与公转轨道平面（黄道面）交 66°33′ 角，或者说地球赤道面与黄道面交 23°27′ 角（称为黄赤交角），因而地球上同一地点在不同日期所接受到的太阳光的能量是不同的，于是便造成了一年中四季气候的变化和交替。实际上，如果撇开局部性气候条件的影响，那么总的来说地球上只有在中纬度（温带）地区才会表现出明显的四季变化，赤道附近一年四季总是非常炎热，而两极地区则终年冰天雪地。

地球自转轴倾斜的另一个效应是不同纬度地区在不同季节昼夜长度的变化。以北半球为例，夏天越往北方（即纬度越高），白天越长而夜晚越短，在北极圈以内的地方有些日子会出现极昼现象，且纬度越高出现极昼的天数越多。冬天的情况相反，纬度越高白天越短，黑夜越长。极端情况出现在北极，一年中半年是极昼，半年为极夜。南半球昼夜长度的变化规律与北半球恰好相反。

那么，如果我们地球的自转轴与公转轨道平面相垂直，即黄赤交角为零，又会出现什么样的情况呢？这可是一个非常有趣的问题。

首先，地球上任何纬度的地方，一年 365 日天天昼夜近乎平分，只是因为大气折射的原因使太阳的位置略微抬高，白天比夜晚会略长一些。北半球夏季昼长夜短、冬季昼短夜长的现象不见了，北极圈以内不会出现极昼现象，即使在两极地区也是如此。

黄赤交角为零的另一个重要效应是，对地球上的任何一个地方来说，都不会出现有规律的春夏秋冬四季气候变化。在同纬度地区，全年气候不会有明显的变化。赤道附近白天终年烈日当头照，天气会变得更为炎热。两极地区太阳总是位于地平线附近，冰天雪地的景观全年不变，冰山会比现在难以融化。在上海这样的中纬度地区，一年 365 天的天气状态大体上保持不变，差不多就像现在的春秋天一样，你也许会因此而感到非常舒服。

不过，上面讨论的是全球性的天气状况，而局部环境的影响还是存在的。比如，在同样日照条件下，大陆和海洋对热量的吸收和释放情况会有较大的不同，大陆性气候和海洋性气候在昼夜温度变化和湿度上的差异仍然会存在。还有，尽管对某个地方来说全年的气温变化会变得不太明显，但不同纬度地区的差异仍然存在，或者说全球仍可以划分为热带、温带和寒带。因此，对中国来说，北方冷空气仍然会不时南下而影响到南方地区，但这种影响可能没有现在这么强烈。

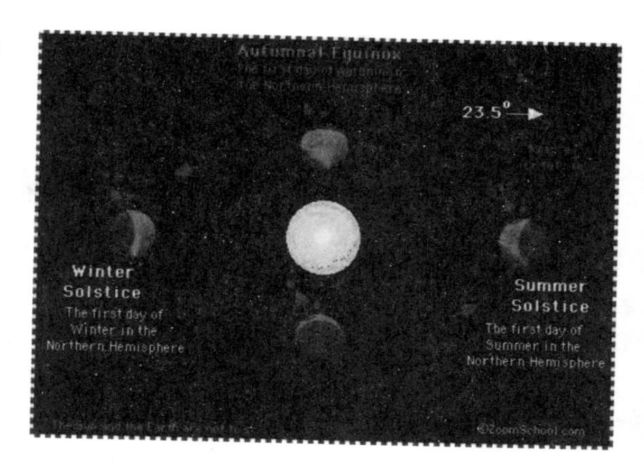

▲ 地球的自转和公转

动物和植物又会怎么样呢？目前地球上各种生物物种都是长期进化的结果，大环境气候条件的不同，必然会影响到物种的进化。一旦同一地点在不同时间寒暑变化基本消失，就不会有需要冬眠或者迁徙的动物，习惯在寒冷地区生活的北极熊和企鹅应该还是会有的，深海生物不会有太多的变化，但候鸟和洄游鱼类也许便不复存在。尽管如此，我们仍不能肯定现在地球生物圈内物种极为丰富、五光十色的动植物世界，是否会因此而变得略微逊色。

上面的讨论当然不可能是完整的，地球也决不会出现这样的巨大变化。但是外星世界又会怎样呢？在有关外星人的种种讨论中，人们对能够通过进化生成外星人的行星设想了各种必要的条件，但迄今为止还没有考虑到，是否必须要求行星的自转轴与它的公转轨道平面不相互垂直，四季交替、气候有规律变化才是诞生高等智慧生物的必要条件吗？这个问题只有让后人来回答了。

（赵君亮）

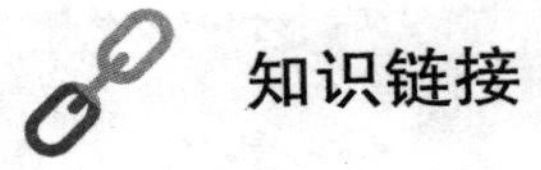

知识链接

认北极星，感受地球自转、公转

找一个晴朗的晚上，找到北极星，并记录大熊座（或仙后座）相对北极星的方向。此后每隔一小时观测一次，你会发现这两个星座每隔一小时都转过15度的角度，原来这是地球自转的结果。

如果做定时长期观测，你会发现每天大熊座（或仙后座）的位置都有所不同。假如你在20点定时观测，第一次先找到北极星并记录大熊座（或仙后座）相对北极星的方向，以后每隔15天在20点观测一次，就会发现这个星座每隔15天都转过15度角度，这是地球公转的结果。地球每年绕太阳自西向东公转一周即360度，平均每天大约转过1度。我们就看到大熊座（或仙后座）绕北极星每天向相反的方向转过1度，一年后在20点你再观测时这个星座又回到了第一次记录的位置。

地球发展史的撞击灾变说

▼ 小天体撞击地球

地球的年龄大约是46亿年。关于地球形成后的演变史，有均变说和灾变说两种不同的观点。均变说认为一切地质变化都可以用诸如侵蚀、沉积、火山爆发等我们熟知的物理和化学作用来解释，并把地球作为孤立存在的世界来讨论它的演变史。灾变说则认为外部天体的撞击作用是决不能忽略的，甚至对地球史起着某种决定性的作用。19世纪早期灾变说曾经一度盛行，后来均变说渐占上风，到19世纪中期灾变说在科学界已基本销声匿迹。当时灾变说不受重视的最主要原因是人们习惯于从地球本身来寻找生物灭绝及大陆漂移等现象。

20 世纪 60 年代前后灾变说重新受到重视。1980 年美国人明确提出，白垩纪和第三纪地层的截然分界是由于一颗直径为 10 千米的小行星以每秒 40 千米的速度猛烈撞击地球而造成的：这一事件的威力足以使地球上的生物和地质环境变得面目全非，造成全球性的灾变。撞击事件的发生有两种可能，即撞上陆地或击中海洋。须知，这样一次撞击所释放的能量相当于地球上每平方千米爆炸一颗氢弹！

陆地撞击灾变效应的相当一部分来自剧烈的大气扰动。小行星以超声速进入大气层时会形成激波，紧靠激波前沿后部的空气受到高度压缩而使局部空气的温度和压力急剧上升，全球的平均风速可达每小时 1 500 千米，空气温度升高到 43 ℃。随着撞击而产生的灰和蒸汽会带着 250 ℃的温度被高高抛起，这对于一切生物都意味着死神的来临。陆地撞击发生时，在几分钟内会形成一个直径约为 200 千米的巨坑，同时抛出大约 10 万立方千米的物质，其中有许多以细尘形式出现，并很快传播到地球的各个角落。这块厚厚的尘埃幕布使阳光无法到达地面，时间可长达 2～3 年，期间植物由于无法进行光合作用而

▼ 恐龙灭绝想象图

大批死亡，并威胁到动物的生存。同时，高温抛出物通过一系列化学反应使大气中的臭氧层被破坏殆尽，一旦尘埃幕布消失，地球表面便直接裸露在太阳紫外线的暴晒之下，其强度对生物是致命的。还有，伴随着撞击事件的是一场全球性的特大地震，并引起大规模的灾变。

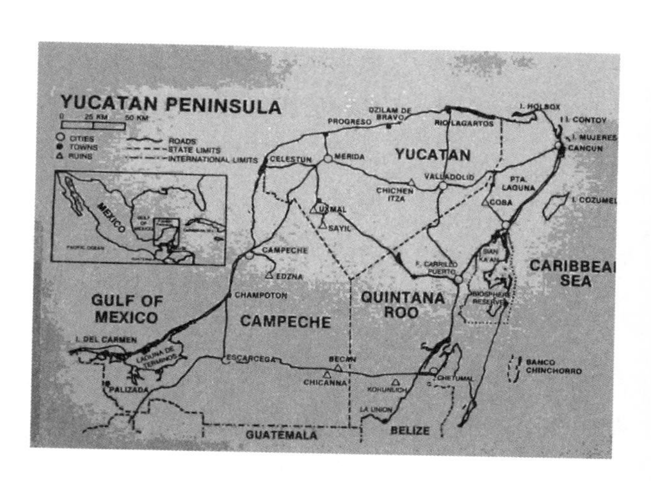

▲ 墨西哥尤卡坦半岛的位置

小行星冲入海洋的可能性要比撞上陆地更大些。直径 10 千米小行星的一次撞击可以在海底生成直径为 500 ～ 1 000 千米的巨坑，其形成过程可能长达 1 小时。出事地点会产生高达数千米的超级巨浪，即使距撞击点 1 000 千米以外的地方浪高仍有 500 米。滔滔巨浪最终会到达大陆架或浅海部分，那时大浪再度涌起，浪高可增大 10 倍，而数千米高的海浪涌上陆地时将会荡平一切。同时，地核的内部流动会受到强烈的干扰，使地磁场发生剧烈的扰动，并引起各

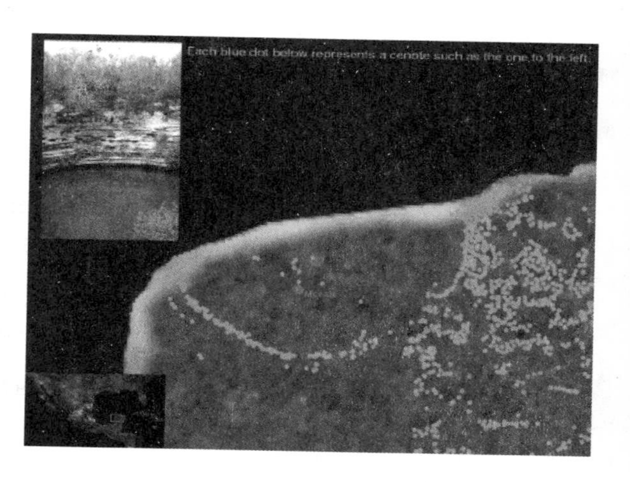

▲ 尤卡坦半岛的撞击坑

类生物的大批死亡。另一方面，原来缓慢进行中的大陆漂移会因撞击而受到极大的干扰，结果引起大幅度板块运动，地壳会出现几十千米宽的大裂缝，造山运动十分剧烈，火山普遍爆发。一旦重新平息之时，地球表面的生物学和物理学环境已面目全非。

古生物学研究表明，地球上生命的发展并不是一种平稳演变，化石记录所揭示的是在这一过程中穿插着一些短时标事件，大量的物种几乎在同一时间段内突然消失，而后又诞生出一些新形式的生物。白垩纪末期，最著名的大规模生物灭绝事件发生在 6 500 万年前的白垩纪末，曾经在地球上生存了 1.7 亿年之久的恐龙以及其他一些大型爬行动物突然销声匿迹，凡是体重超过 25 千克的陆地脊椎动物统统都没有活下来。用小天体撞击事件来解释这种生物的大规模灭绝是十分自然的，在过去的几亿年内，这种撞击可能发生过 6 ～ 7 次，而同一时期内也出现了同样数目的全球性生物灭绝事件。

1980 年以来，地质学家们一直不停地在地球上到处奔波，试图找到直径 200 千米左右的撞击坑，并用以证明小天体撞击事件的发生。经过学者们的辛勤工作和百折不挠的努力，终于在墨西哥尤卡坦半岛海岸下找到了这个深埋着的大环形地貌，直径 180 千米。在那里，人们发现了含有玻璃陨体和冲击石英颗粒的岩石碎片，这类物质只能在猛烈的撞击作用下才能形成，而且地质年龄与恐龙灭绝的时间相符，灾变说取得了实证。

（赵君亮）

月球的诞生

月球是怎样形成的？这是一个十分古老的问题，从18世纪以来，许多科学家曾提出了各种各样的月球起源学说。把这些学说归纳起来，可以分为三类，即同源说、分裂说和俘获说。

同源说是最早出现的一种月球起源学说，主张月球和地球具有相同的起源，认为月球和地球都是同一团弥漫物质形成的，这团弥漫物质的大部分形成地球，小部分形成月球。按照这种理论，地球的年龄和月球的年龄应该不相上下。在“阿波罗”登月以后，对月岩标本的年代测定结果证明，月球形成时间和地球形成时间相同。在这一点上，同源说获得了支持，但它无法解释为什么地球和月球的组成成分以至平均密度却有显著差异。

“进化论”创始人达尔文的儿子乔治·达尔文在1879

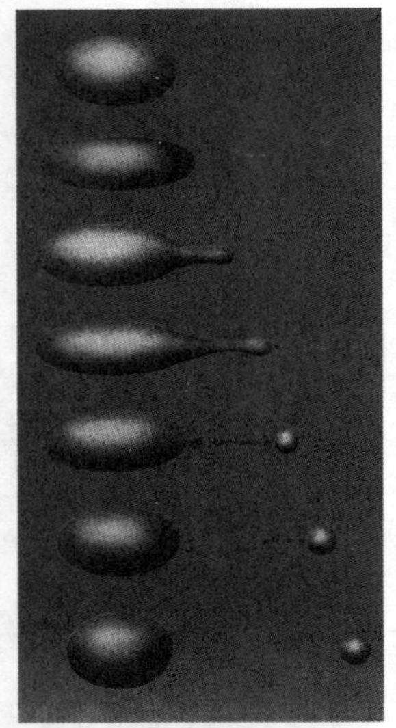

▲ 月球的起源：（上）分裂说，（中）俘获说，（下）同源说

年提出，月球在形成之前是地球的一部分。在太阳系形成初期，地球还处于熔融状态，转速相当高，致使一部分物质从赤道区被甩了出去。后来，这部分物质演变成为今天的月球，而太平洋就是月球分裂出去后留下的疤痕。支持者们认为，分裂出去的是密度相对较小的上地幔物质，因此月球的密度与地壳接近也就合理了。然而，在这种情况下月球的轨道应该位于地球的赤道面上，事实上却是靠近地球的公转轨道面。另外，研究证明熔融状态的地球根本不可能分出去一部分物质。

1942年瑞典天文学家阿尔文提出了“俘获说”，他认为月球和地球是在不同的地方形成的，一次偶然的机会，地球把运行到附近的月球俘获，成为自己的卫星。这种学说能很好地说明地球和月球在物质组成上的差异，而且太阳系中其他大行星的卫星的确有相当一部分是俘获的小行星。不过那些卫星全都很小，而月球实在太大了，在太阳系中像这么大的天体是非常稀少的；另外天体大了惯性也大，捕捉就更难，地球要俘获如此之大的一个天体是很难想象的。

大碰撞学说就是在上述这些学说遇到困难的背景下提出来的。这种学说的创始人是美国人哈特曼和戴维斯，他们的学说最早发表于1975年，其基础是关于太阳系大行星形成的“星子学说”。

星子学说认为，大行星是在太阳系诞生的初期

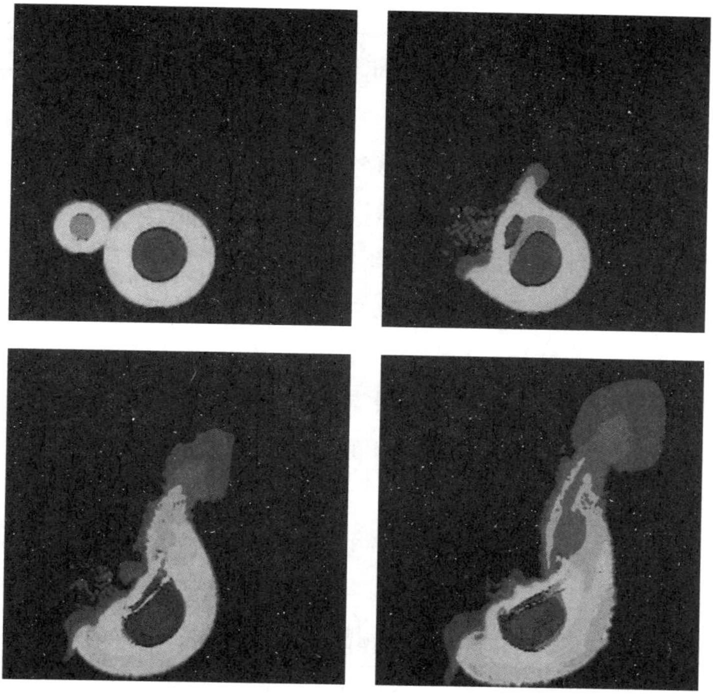

◀月球在一次大碰撞中诞生

从环绕太阳转动的气体、尘埃云中在引力作用下聚结形成的。最先形成的是一些较小的团块，称为星子。小的星子逐步聚结成越来越大的星子，最后成为今天这样的大行星。在这样的背景下，在地球刚形成的初期，遭到一颗如火星般大的星子撞击，是完全可能发生的事情。

大碰撞学说能解释月球的平均密度为什么明显比地球的平均密度低。地球拥有一个巨大的铁质地核，但月球却没有。这是因为在大碰撞发生的时候，撞击的方向并不是朝向中心，而是偏向一侧。那时的地球尚处在熔融状态，比重大的铁质已沉到中心形成地核，浅层是由含铁量较少的熔岩构成的地幔，从地球上撞出去的正是这类比重较小的物质。

2001年，美国西南研究学院的卡内普和加利福尼亚大学的阿斯福格在《自然》杂志上发表了他们重新用计算机模拟月球在大碰撞中诞生过程的结果。他们把地球和那颗“来撞天体”细分为20 000多个单元，就30种可能发生的情况，专门进行计算。他们的计算表明，一颗火星那样大小的来撞天体与地球之间的一次侧面冲撞，“似乎正好能把那么多质量的物质撞到绕地球转动的轨道上去”。

当然，即便是大碰撞学说，也没有能彻底解决月球的起源问题。美国行星科学家史蒂文森说，它是个最好的学说，然而关于这一话题的讨论不会就这样结束。未来新的月球探测将有可能进一步探明月球的组成成分，应该能为解决它的起源问题提供新的线索。

（王家骥）

月球上的山和海

在月球上，没有任何别的特征比海更引人注目的了。不需要用望远镜，我们就能在明亮的月面上看到这一片片灰黑色的区域。我国古代人看到这些黑影，根据它们构成的形状，想象成宫殿、桂树或者蟾蜍，引出了一些美丽的神话，并成了众多诗篇中的主题。

1609 年 12 月，伽利略第一次用望远镜对准了月球，他看到月球表面粗糙不平，只有那些灰黑色的区域，看上去却非常平坦。于是，他误以为那些区域内有水，所看到的是平坦的水面。后来，那些区域就称为“海”。随着望远镜性能的改进，人们终于看清楚月球上的“海”里面没有水。不过，“海”这个名称还是保留了下来。

月面的另一特征就是奇特而众多的环形山。用较大的望远镜，能发现月面上到处是大大小小的环形山，甚

▲ 月球正面的海和环形山

至大环形山里面还有小环形山。初看上去，环形山的形状有点像火山口。可是，月球上最大的环形山直径超过200千米，会有这么巨大的火山吗？

天文学家的观测，以及后来“阿波罗”号的宇航员登陆月面后，都发现月面覆盖着一层灰尘。如果月球上曾经有过剧烈的大规模的火山活动，那么很自然，在月面上应该到处覆盖有一层火山灰，而且不管在哪里，火山灰的性质应该是相同的。然而，实际上，这层灰尘，在明亮的山上是明亮的，在黑暗的海底却是黑暗的。这表明，这层灰尘不是火山活动造成的，而是岩石受到阳光照射热胀冷缩或者遭陨星轰击而崩解的结果。月球上的环形山，至少绝大多数，尤其是那些大环形山，不可能是火山爆发形成的。

关于月球上环形山的起源，科学家还提出过漩涡说、渗出说、膨胀说、陨星轰击说。在这些学说中，只有陨星轰击说最经得起推敲。模拟试验表明，当一块固体物质，以至少每秒15千米的速度轰击月球表面时，由于月球上没有大气，它所具有的动能全部在与表面岩石碰撞的一刹那转变成热能，于是温度可以升高到几千摄氏度，使这块物质本身以及与它碰撞的岩石至少有一部分立刻挥发成气体，气体的急剧膨胀造成一次轰轰烈烈的爆炸。大量的固体物质被爆炸的气浪抛向远方，而在爆炸点周围形成一个坑穴，其直径比原来的物质团块远远大得多。这样形成的坑穴，形状也与今天我们看到的环形山十分相像。

在地球上，也已经发现了一些由于陨星轰击形成的大坑穴，其中最有名的就是美国亚利桑那州的陨星坑。它的直径1 200米，坑底比四周坑壁顶部深40米，坑底是铁质的陨星碎片。从航拍照片上可以看到它的形状非常接近月球上的环形山。

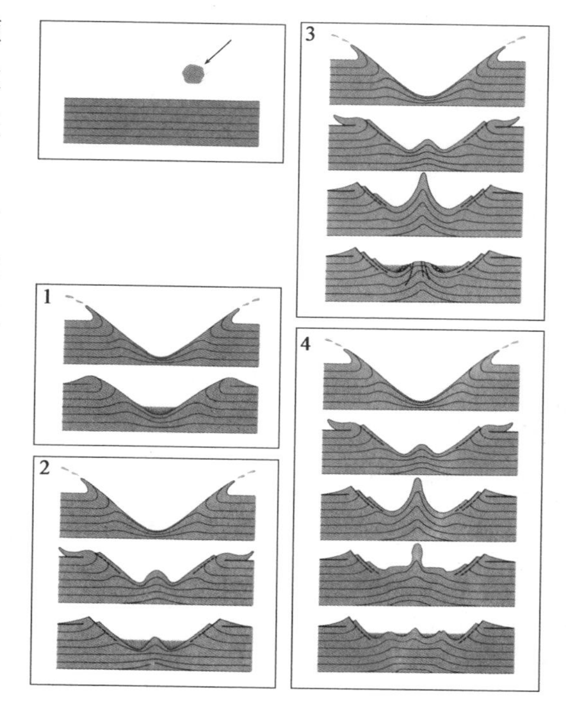

▲ 环形山起源的陨星轰击说：（1）环形山直径小于10千米；（2）和（3）环形山直径20到150千米；（4）直径超过200千米的环形山

如果月球上的环形山的确是陨星轰击造成的，那么，地球受陨星轰击的机会并不会比月球少，为什么没有像月球一样到处密布环形山呢？这就得归功于地球上的大气和水了。地球大气一方面对来袭的陨星起着一定的阻挡作用，使得陨星撞击地面之前就已经在与大气的剧烈摩擦中把一部分动能转变为热能，甚至在空中就爆炸了，减小了地面受到的轰击。另一方面，大气和水大大加剧了岩石的风化，陨星轰击形成的坑穴在漫长的地质年代中很快就会被抹平。

（王家骥）

月球的背面和“腹”中秘密

月球始终用同一面对着我们，因此我们看到的月球面貌，天天都差不多，仅仅是被太阳照亮的部分有盈有亏。月球之所以会这个样子，是因为它的自转周期恰好与绕地球公转的周期相等。自转周期与公转周期相等，不仅仅月球是这样，其他大行星的卫星也普遍如此。天文学上称这种自转为“同步自转”。同步自转是行星引力对卫星长期作用的结果。月球对地球的引力会在地球上引起潮汐，反过来，地球对月球的引力也会在月球上引起潮汐。月球上没有水和大气，因此只有月壳中发生固体潮。如果月球自转周期比公转周期快，固体潮造成的突出部分在月球上的位置就会不断移动，移动的方向与自转方向相反，对自转起牵制作用，使自转不断变慢，直至同步。

我们在地球上基本看不到月球背面的情况。不过，由于月球的公转轨道是椭圆，公转速度不均匀，而自转速度是均匀的，因此月面的左右两侧边缘，有时候会分别把背面露出一点点来。另外，月球的公转轨道与月球的赤道有 6° 多的夹角，这使得在月球的两极附近，有时候也会把背面露出一点点来。这种现象叫作“天平动”。由于天平动，在地球上我们可以看到月球总面积的 59%。不过，由于透视的原因，月面边缘露出来的那一点点背面的情况，是很难看清楚的。

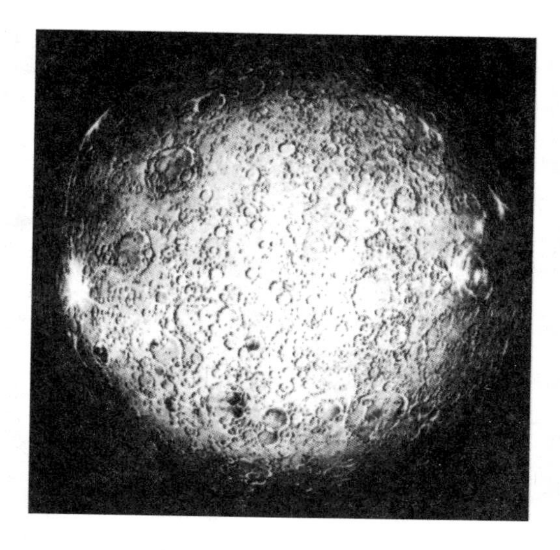

▲ 月球的背面

人类真正知道月球背面的情况，是在 1959 年之后。这一年 10 月 7 日，苏联发射了“月球 3”号自动行星际站。这个无人太空探测器飞到月球上空，转到月球背后，在 7 000 千米高空对月球背面拍照。人类由此得到了第一批月球背面的照片。

在此之后，已经有多个太空探测器对月球背面做过更详细的探测，“阿波罗”号的宇航员也曾经在做绕月飞行时对月球背面做过近距离考察。如今，人们对月球背面的了解已经与正面一样清楚。

月球背面的地形与正面差异很大。月球背面海很少，海的面积也较小，环形山却比正面多得多，地形凹凸不

月球的内部结构 ►

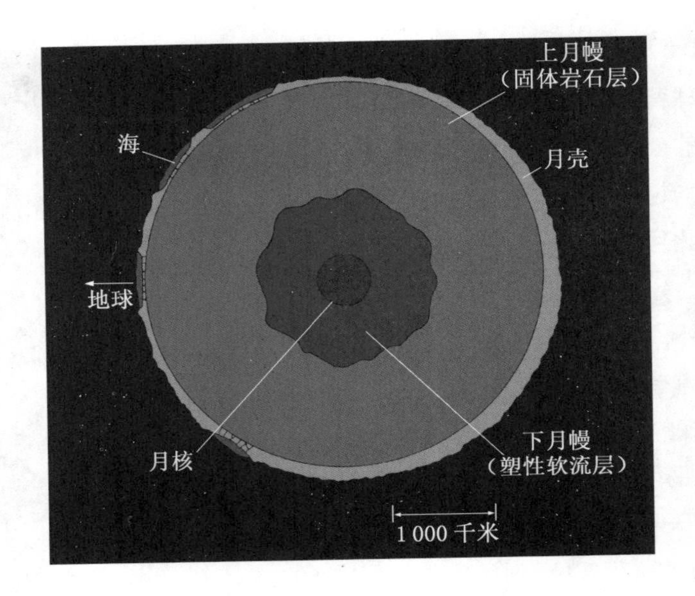

平，其中最高处与最低处的高度相差达 9 千米。

值得一提的是，月球正面的环形山的命名很早，由于历史上的原因，没有一个是中国人的名字，然而在月球背面，有 4 个环形山是用中国古代科学家的名字命名的，它们分别是石申、张衡、祖冲之和郭守敬。另外，还有一个环形山，是用第一个为人类进入太空献身的我国明代官员万户的名字命名的。相传 14 世纪末期，万户把 47 个自制的火箭绑在椅子上，设想利用火箭的推力飞上天空，不幸火箭爆炸，他也被炸死了。

地球的内部结构，只有利用地震才能加以探测。与此相似，要了解月球的内部结构，需要依靠在月球上发生的月震。“阿波罗”号的宇航员在月面上放置了灵敏度很高的月震记录仪。从这些月震记录仪的资料来看，月震无论是规模还是频繁程度都远远不如地震，它的最大震级只相当于里氏 1 至 2 级。因此，“阿波罗”号的宇航员曾经制造了数次较强烈的人造月震，以弥补资料的不足。

分析月震记录仪记录的资料可以知道，月球内部也有壳、幔、核分层结构。最外层的月壳厚 65 千米左右。月壳下面到 1 000 千米深度是月幔，它占了月球大部分体积，其中上层是岩石层，下层是塑性的软流层。月球中心部分的月核很小，半径仅几百千米左右，温度约 1 000 ℃，很可能是熔融的，主要由铁组成。

探测表明，月球背面的月壳平均比正面的厚。正面月壳的厚度平均在 60 ～ 65 千米，而背面则在 85 千米以上，最厚的地方甚至达到 150 千米。月核不在月球的几何中心，而是略微偏向地球方向。

（王家骥）

说“月”种种

月球绕地球公转的周期是 27.3 天，可是，月球盈亏的周期却是 29.5 天，这是为什么？

我们要确定月球的公转周期，必须要在太空中选择一个点，用它作为参照，才能知道月球是不是转满了一周。天文学家用恒星作为这样的参照点，因此，月球的公转周期就叫作“恒星月”。

月球的盈亏周期叫作“朔望月”，它是从月球一次朔（或者望）到下一次朔（或者望）所需的时间。所谓朔，是指月球与太阳在地球的同一方向，因此月球以未被太阳照亮的黑暗面朝向我们，我们不可能看到它；而望是指月球与太阳的方向相差 180 度，因此月球朝向我们的一面完全被太阳照亮，我们看到的是满月。

由此可知，恒星月与朔望月的差别，在于参照点的不同，前者的参照点是恒星，后者的则是太阳。由于地球公转，反映到天球上，太阳相对于恒星具有自西向东的周年视运动。月球绕地球公转，投影在天球上，我们看到它沿着白道自西向东相对于恒星背景每天移动约 13 度。于是，比如说，在这个月的朔，在天球上，看上去太阳和月球都位于某一颗恒星附近。（当然，实际上由于白天天空很亮，我们是看不到这颗恒星的；而且，由于这时月球对着我们的一面是完全黑暗的，我们也看不到月球。）一个恒星月之后，月球回到了这颗恒星附近，可是，这时太阳由于周年视运动，已经沿着黄道向东移动了大约 30 度。于是，月球还要继续沿着白道向东走两天多，才能重新回到太阳的身边，从而再一次出现朔。

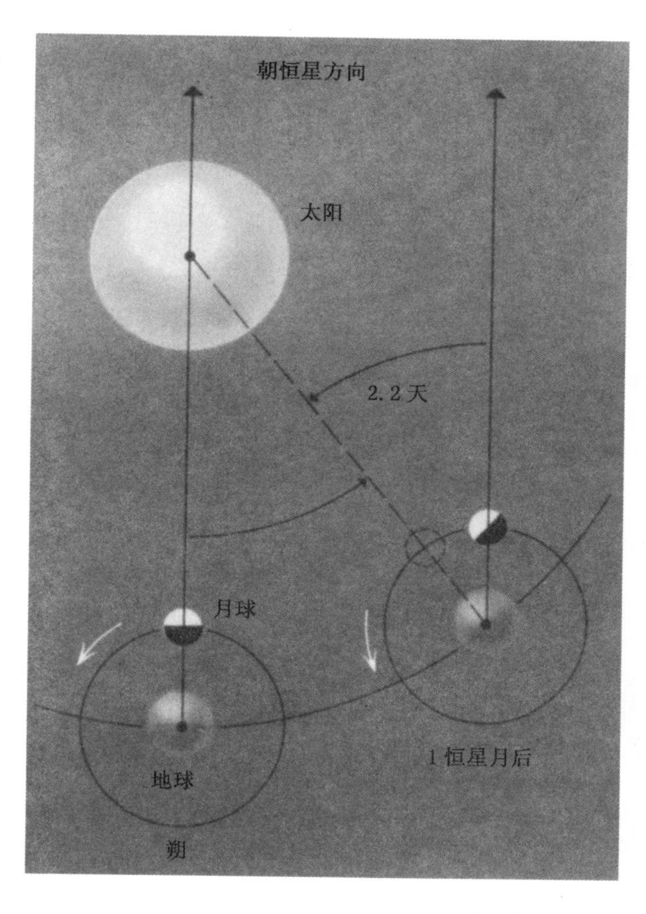

▲ 恒星月与朔望月的差别

我国自古就有中秋赏月的习俗，据说此夜月球离开

月球绕地球公转的轨道是个椭圆 ▶

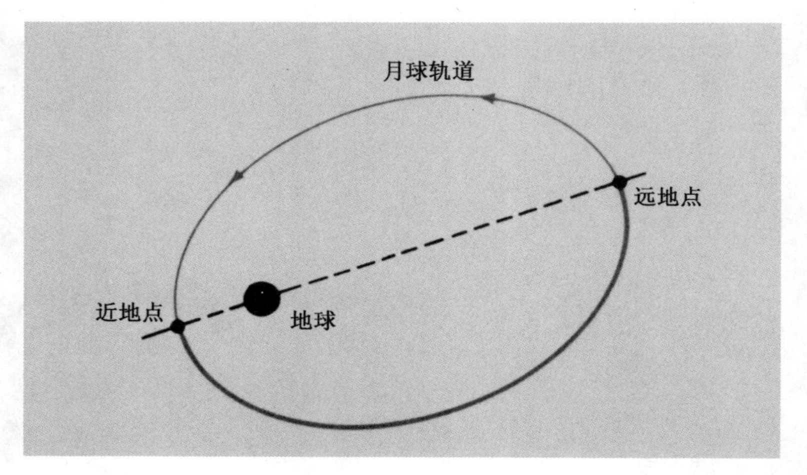

地球最近，因而不但最圆，而且最大、最亮。可是，事实上并不一定如此。

月球绕地球公转的轨道不是正圆形，而是个稍微有点扁的椭圆，地球位于椭圆的一个焦点上。因此，月球离开地球的距离并不固定，它在一定的范围内变化。月球轨道上离开地球最近的一点，叫作近地点；月球轨道上离开地球最远的一点，叫作远地点。一个物体，距离近时，我们看上去就大，亮度也亮，而距离远时，看上去就小，亮度也暗。显然，只有当中秋的月球位于近地点的时候，才会最大、最亮。

如果我们以月球轨道上的近地点作为参照点，那么这样确定的月球公转周期，叫作“近点月”。如果月球轨道上近地点和远地点的位置相对于恒星来说固定不动，那么近点月就应该等于恒星月。然而，由于月球同时受到地球和太阳两者的引力作用，它的运动非常复杂，月球轨道上近地点的位置，会沿着白道自西向东不断移动，每年要移动近 41 度。因此，一个近点月比恒星月长，约为 27.6 天。

近点月比朔望月短大约两天，于是，月球离开地球最近的时候，它的月相在每个月中的日期是不固定的，每年的情况又有不同。只有当中秋节那一天月球刚好位于近地点，中秋的月亮才会最明亮。

月球离开地球的距离平均是 384 401 千米，这一距离的变化，一般情况下在 363 297 千米到 405 505 千米之间，变化的幅度达到 11%。由于月球运动的复杂性，这一变化范围也有变化，在极端情况下，最近距离可小到 358 774 千米，最远距离可大到 410 028 千米，即变化幅度可增大到 12.5%。

（王家骥）

潮起潮落跟着月亮走

“早潮才落晚潮来，一月周流六十回。不独光阴朝复暮，杭州老去被潮催。”这是唐朝诗人白居易咏钱塘潮的不朽诗篇。潮水涨落，不只钱塘江独有，但钱塘江大潮的壮观，在 1 600 年前的东晋就已经相当出名，以致形成了观潮的风俗。

潮起潮落，天文学把海水每天的这种周期性变化现象叫作潮汐。潮汐造成的海水高涨每天有两次，其中，白天出现的称潮，晚上出现的称汐。因此，白居易在他的诗中说“一月周流六十回”。仔细观测，可以发现，两次涨潮（或落潮）之间所经过的时间间隔平均是 12 小时 25 分钟。也就是说，如果只考虑潮（或汐），那么在时间上每天平均推迟 50 分钟。

月球升起时间每天平均推迟 50 分钟，潮汐的时间也是每天平均推迟50分钟，古代的人们已经觉察到了这一点，东汉的王充在《论衡》中说："涛之起也，随月盛衰。"然而，潮汐跟着月亮走，这仅仅是纯属巧合吗？

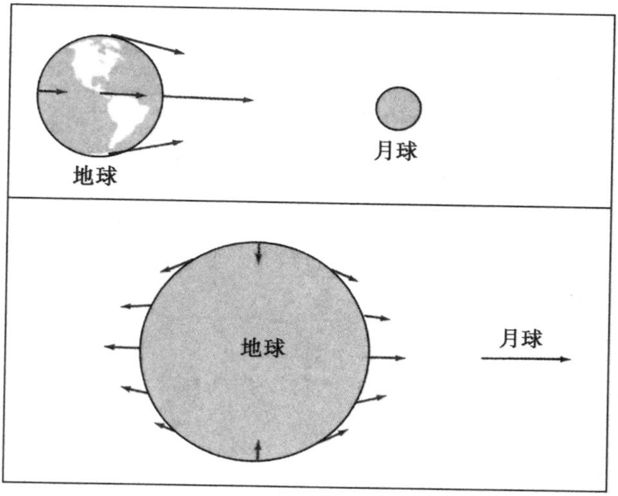

现代科学告诉我们，潮汐现象，实质上是由月球和太阳对地表海水和地球中心的引力之差造成的。

▲ 月球对地球潮汐作用的产生：上图中的箭头表示地球上不同地点所受月球引力的大小和方向，下图中的箭头表示地球上不同地点与地球中心处相比所受月球引力之差的大小和方向

我们先只考虑月球的引力。地球表面向着月球一侧，位于月球到地球中心连线附近的地区（即向月点附近），那里受到的月球引力最强，海水被吸引得鼓了起来，形成潮汐，这比较容易理解。可是，为什么背着月球一侧，位于月球到地球中心连线的延长线附近的地区（即背月点附近），那里的海水也会鼓起来，形成潮汐呢？

背月点受到的月球引力显然应该最弱，也就是比地球中心受到的月球引力还弱。因为向月点与背月点相对于地球中心是对称的，所以向月点受到的月球引力比地球中心强多少，那么背月点受到的月球引力就比地球中心弱多少。如果我们以背月点作为参照物，那么背月点的位置不动，但地球中心由于受到月球的引力比背月点强，就会向月球略微靠拢一些，结果背月点附近的海

水就会朝与月球相反的方向鼓出去，从理论上说，与向月点应该成对称。

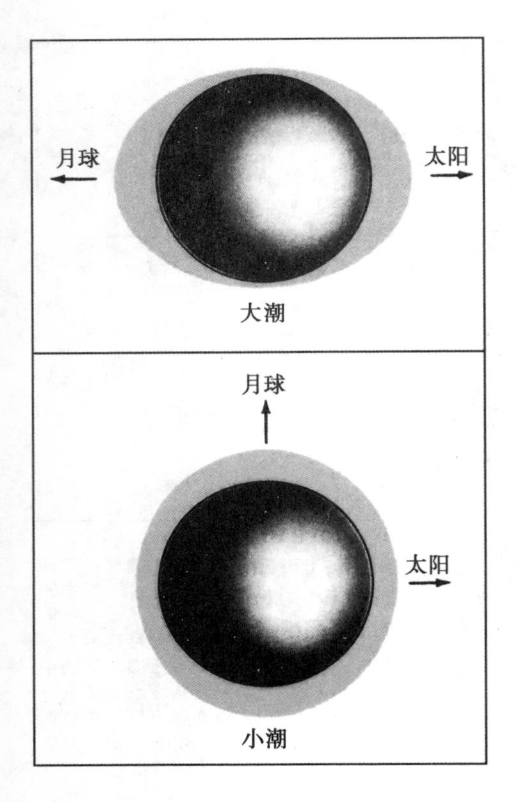

▲ 大潮和小潮

现在再来考虑太阳的引力。太阳与月球相比，质量大了 2 700 万倍，可是太阳离开地球有 15 000 万千米，而月球离开地球只有 384 000 千米左右。地球的半径在赤道附近是 6 378 千米，这一距离是月地距离的 1/60，是日地距离的 1/23 500。引力的大小与质量成正比，与距离的平方成反比，而要计算引力差还得乘以上述距离比值，因此与月球产生的引力差相比，太阳产生的引力差反而只有一半大。由此可知，太阳也会产生潮汐，可是涨落幅度远比月球产生的潮汐小。两者结合起来，如果在朔和望的前后，太阳和月球在同一方向或相反方向，两种潮汐叠加在一起，产生大潮；而在上弦、下弦前后，太阳和月球的方向相差 90 度，两种潮汐相互抵消，形成小潮。总的来说，潮汐还是跟着月球走。

以上所说的潮汐变化规律，只考虑了月球和太阳对地球的引力，是一种理想化的情况。实际上，海岸线曲曲弯弯，海底地形高低起伏，海水运动有滞后性，许多复杂因素会阻碍潮汐的传播，使得涨潮的高度、时刻、持续时间变得错综复杂，因时因地而异。每天高潮的到来，常比月球到达最高点迟 1 小时到数小时；每月的大潮，并不正好发生在朔和望，而是落后 2 ～ 3 天。

不同的月份，潮汐大小也会有所不同。一方面，月球的公转轨道是个椭圆，如果在朔、望前后月球正好位于近地点附近，大潮可能会格外大一些；另一方面，气象因素对潮汐的影响更加明显。如果雨水丰富，河流上游来水流量很大，那么当大潮来临时，两者发生顶托，潮头就会格外高涨。另外，风向、风力等因素，也会影响潮水的大小。

（王家骥）

日食、月食的发生规律

由于月球绕地球公转，当月球运动到地球和太阳之间，并且三者成一直线时，便会发生日食；当月球运动到地球背离太阳的一边，并进入地球的阴影之中，便会发生月食。日食必定发生在“朔”日，即农历的初一；月食必定发生在“望”日，即农历的十五日前后。这就是我们所知道的日月交食的基本原理。

日食和月食的发生必须满足一定的条件，并且有着严格的规律。为了说明这一点，我们得从月球的运动规律谈起。月球绕地球的公转轨道称为白道，它与地球绕日公转轨道——黄道并不重合，而是斜交成约 5°09′。不过 5°09′ 只是平均值，实际上的变化范围是 4°57′～5°19′，变化周期为 173 天。因此，并不是每逢朔日必发生日食，也不是每逢望日必见月食。只有当朔日或望日时月球恰好位于黄道和白道的两个交点（称为黄白交点）附近，并处于一定的界限（称为食限）之内，才能出现日食或月食天象，这就是发生日食和月食时必须满足的条件。日食和月食、全食和偏食，各有相应的食限，超过食限就不可能出现交食现象了。

问题的复杂性在于食限并不是固定不变的。由于太阳对月球的引力作用，黄白交点的连线（交点线）会不停地沿黄道移动，移动方向与月球公转运动方向相反，周期为 18.60 年。交点运动的结果是使食限会有周期性的变化。月球从一个交点开始，再回到同一交点所经历的时间称为交点月，等于 27.212 2 日。太阳从一个交点回到同一交点所需要的时间称为交点年，又称食年，等于 346.620 3 日，略短于一个回归年。

日食的情况比月食更复杂，其中还涉及月球本影的长度以及它能否到达地面。白道是一个偏心率相对比较大的椭圆。月球本影的长度取决于月球到太阳的距离，离太阳越近本影越短。随着月球绕地球的公转，以及地球在椭圆轨道上绕太阳公转，日、月间的距离必然会发生变化，于是月影便会有相应的变化，变化范围为 368 000 ～ 380 000 千米。所以，月球在白道上近地点附近时，离太阳最远而本影最长，同时月地距离又最近，可以发生日全

▼ 日食原理图

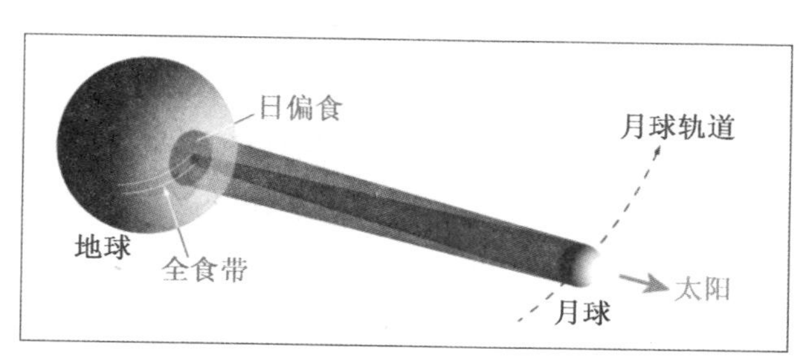

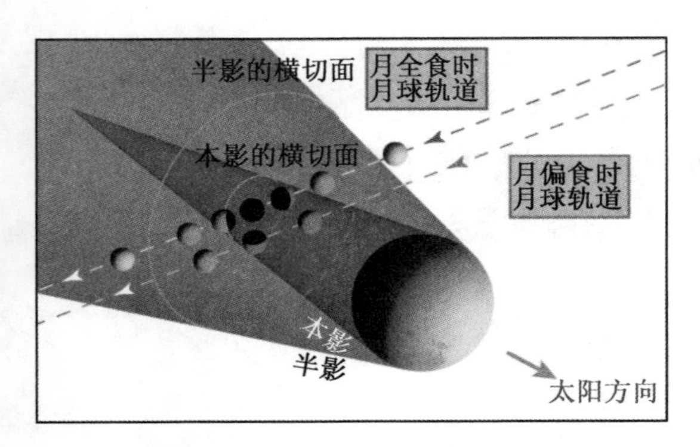

▲ 月食原理图

食或日偏食；远地点附近月球离太阳最近而本影最短，同时月地距离又最远，只能发生日偏食或日环食。月球从近地点开始，再回到近地点所经历的时间称为近点月。另一方面，当月影指向太阳正射地区时，本影比较容易到达地面而发生日全食；如果月影指向太阳斜照地区，月球本影可能到不了地面，这时就不可能发生日全食。

无论是日食还是月食，每次交食发生后，经过 223 个朔望月，即 6 585.321 1 日 = 18 回归年又 11.3 日之后会重复出现。这个 18 年又 11 天的周期古代巴比伦人就已经知道，并称为“沙罗周期”。Saros（沙罗）这个词就有“重复”的意思。在一个沙罗周期内，平均有 70 次交食，包括 41 次日食（其中 28 次为全食或环食）和 29 次月食（其中 16 次月全食）。

就整个地球来说，一年之内日食发生的次数要比月食多。在一年中，最多可见到 5 次日食和 2 次月食，或 4 次日食和 3 次月食，共计 7 次。在最少的情况下，只能见到 2 次日食，而月食一次也没有。但是，对于地球上一个确定的地点（比如上海）来说，看到月食的机会远大于日食，平均每隔 300 年左右才有可能见到一次日全食。这是因为一旦发生月食，半个地球上的人都可以见到。日食的情况不同，发生日食时，只有月影扫过的狭窄地球表面（称为食带）才能看到，尤其全食带的宽度只有几百千米，能看到日全食的地区范围是很小的。

2009年7月22日上午，我国长江中下游一带发生过一次日全食，上海、杭州、武汉等地都可以看到。上海市中心的全食时间段为北京时间9时36分44秒～9时41分48秒，长达5分钟以上，而日食的全过程为8时23分24秒至11时01分36秒。只要给出观测地点的经纬度和海拔高度，日全食发生的时间一般都可以预报得非常准确。

（赵君亮）

知识链接

日食和月食的原理

日食必发生在农历初一，而月食出现于农历的十五或十六。如果黄道、白道所在的平面重合，则每逢朔和望，日、月、地位于一直线上，必有食发生。但是，黄道和白道是以约5度的角度倾斜相交的，在大多数的朔日和望日，月球在黄道之北或南通过，所以并非经常有日食或月食形成。仅当太阳位于黄、白两道的两个交点附近，又恰逢朔日和望日时，日食或月食才有可能发生。

三角学和星星的距离

早在公元前 2 世纪，古希腊的天文学家已经在尝试测量太阳和月球离开地球的距离。这与古希腊三角学的发达是分不开的。三角学的创始人、古希腊天文学家依巴谷（又译喜帕恰斯）通过从两地观测同一次日食，算出月地距离为地球半径的 59 ～ 67 倍（现代测定的准确值为 60 倍，即 38.4 万千米）。

在天文学中，把这种测定天体距离的方法叫作三角视差法。用三角视差法测定天体距离，对于离地球较近的太阳系天体，可以取地球上的两个不同地点，然而要测定恒星离开我们的距离，因为它们离得非常远，若仍旧取地球上的两个不同地点，那样视差角（也就是从这两个地点看同一颗星星的夹角）将非常小，即使用现代仪器也难以测出来。

于是，天文学家想到了地球在绕太阳转动，如果我们相隔半年观测同一颗恒星，不就是在地球轨道直径的两端进行观测吗？地球轨道直径是日地平均距离1亿5千万千米的两倍，是地球直径的2万3千多倍，这样总可以测出恒星的视差角了吧！

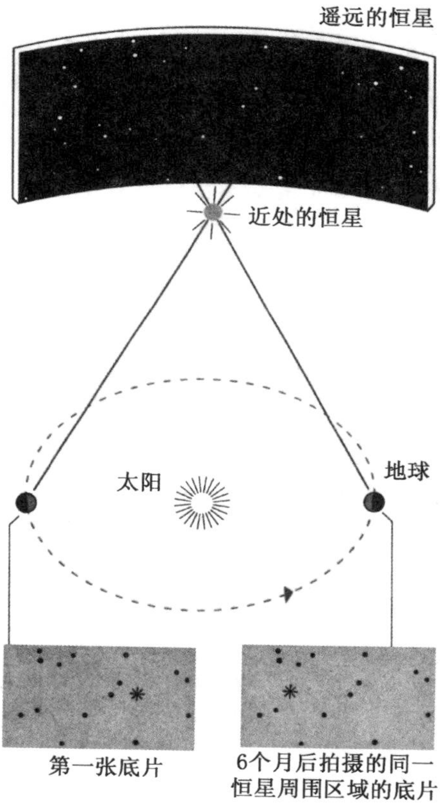

天文学家把地球到太阳的平均距离称为天文单位，把1天文单位在某一恒星处所张的角称为这颗恒星的视差。于是，根据三角学，可以知道，恒星到太阳的距离就等于1天文单位长度除以它的视差的正切函数值。古希腊天文学家阿利斯塔克在公元前3世纪就已经认识到了这种测定恒星距离的方法，但是他并没有能够用这种方法真的测出恒星的视差角。他用恒星极其遥远来解释这一失败，却不能说服古希腊的其他天文学家。

▲ 测定恒星三角视差的原理

17世纪，天文望远镜的发明，使得天文学家能够更准确地测定天体的位置。可是，恒星三角视差的测定却直到1837年，才由俄罗斯天文学家斯特鲁维首先取得成功。他测出织女星的三角视差等于0.125″，对应的距离是165万天文单位，约等于250万亿千米。次年，德

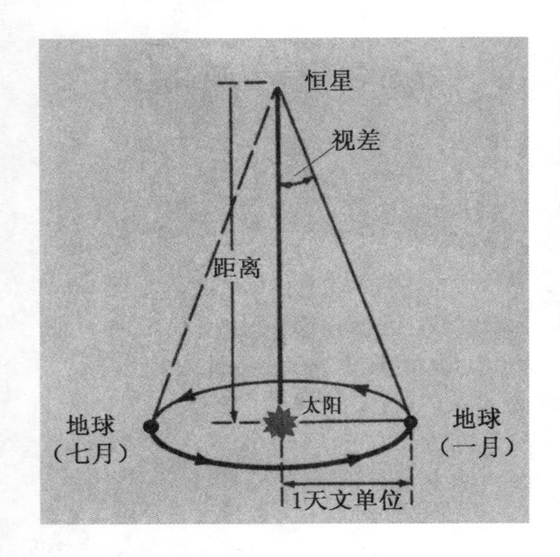

▲ 恒星的视差以角秒为单位，距离取为视差的倒数，那么距离就以秒差距为单位

国天文学家贝塞尔也发表了他对另一颗恒星三角视差测定的结果，为0.31″角秒（对应的距离为66.5万天文单位，约等于100万亿千米）。这时，天文学家才明白，恒星比他们原来想象的要远得多。

恒星的距离实在太远，若用千米来表示，数字实在太大，很不方便，即使用天文单位表示，数字仍然很大。为此，天文学家觉得有必要给恒星的距离规定一个使用起来比较方便的单位。他们想到，既然恒星的距离可以用三角视差方法来测定，那么，何不直接就用视差的倒数来表示恒星的距离呢？那不是很方便吗？（之所以要取倒数，是因为距离越远，视差越小，两者成反比关系。）

于是，天文学家规定，恒星的视差以角秒为单位表示，距离取为视差的倒数，那么距离的单位就称为秒差距。这样，上述织女星的距离就可以表示为8秒差距。一些很远的恒星，视差常用千分之一角秒为单位，这个单位称为毫角秒，相应的距离单位，称为千秒差距。在表示银河系以外的天体距离时，还常用兆秒差距为单位，它等于100万秒差距。

1角秒的正切函数值，等于1/206 265，因此，1秒差距等于206 265天文单位，也就是约30万亿千米。

秒差距这个单位，使用起来很方便，可是它的几何意义虽比较明确，却缺乏直接的物理意义。很多天文学家更喜欢把天体的距离与某种物理意义联系起来。他们想到的是光速，如果能把天体距离与光速联系起来，那么，一说天体的距离，就知道它的光线是在多久以前发出的，这不是比用秒差距作单位更方便吗？

据此，天文学家就把真空中光在一年之中行进的路程，称为 1 光年。真空光速约等于每秒 30 万千米，把它乘以一年的秒数，就得到 1 光年等于 9.46 万亿千米。由此可以得到光年与秒差距之间的换算关系，即 1 秒差距等于 3.26 光年。

最后要强调一下，光年是距离单位，不是时间单位。有些人看到“光年”这个词中有个“年”字，就误以为是时间单位，实在是大错而特错了。正确的是，比如我们说织女星的距离是 26.5 光年，这意味着从织女星发出的光到达我们这里要走 26.5 年。

（王家骥）

“天界列国”——星座

大约 5 000 年前，在今天属于伊拉克的美索不达米亚平原上，生活着古巴比伦人。那时候的古巴比伦人，相信主宰着这个世界的是上苍的神灵，这些神灵会通过各种天象来向人类预示各种吉凶祸福。为了解读神灵的预示，开始出现了占星术。古巴比伦人占星术首先关注的是位于黄道附近的星星，他们已经发现了太阳在这些星星中间的周年视运动，发现不同季节，太阳相对于这些星星的位置是不一样的。出于占星的需要，他们把这些星星划分成十二个星座，这就是黄道十二宫。除此以外，古巴比伦人还在黄道南、北建立了一些星座。

古希腊人继承了古巴比伦人的天文学成就。在 2 000 多年前，依巴谷在他编著的星表中，已经出现了 49 个星座。到了公元 2 世纪，托勒密在他的巨著《天文学大成》

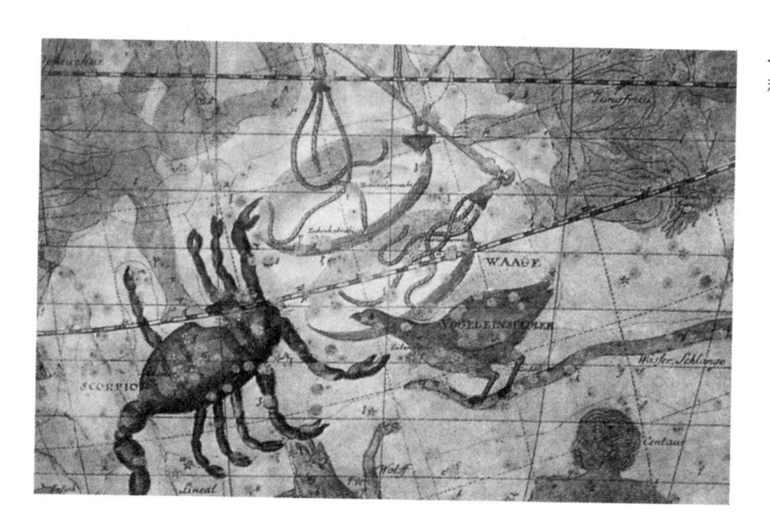

◀西方古星图中的天秤座和天蝎座

中，又增加了 18 个星座。古希腊人的一大创新是把那些想象成人或动物的星座与古希腊神话中的故事联系起来，从而更增添了星座的神秘感和美感，使它们除了占星术和天文学的应用价值之外，更具有文学和艺术的价值。

15 世纪末，欧洲的探险家开始组织船队进行远洋航行、“发现新大陆”的活动。他们先到了非洲南端。1492 年，哥伦布到了美洲。20 多年后，麦哲伦完成了环球航行。在这些航海活动中，探险家们在南半球看到了一些原来在北半球从来没有看见过的星座。根据这些探险家的记载，德国天文学家拜尔在 1603 年编绘的星图中增添了 12 个南天星座。拜尔还有一大贡献，创立了一种恒星命名方法，即在一个星座中，对其中比较明亮的恒星，大致由亮到暗，按照希腊字母表顺序依次赋予一个希腊字母作为它的名字。例如，织女星是天琴 α，北极星是小

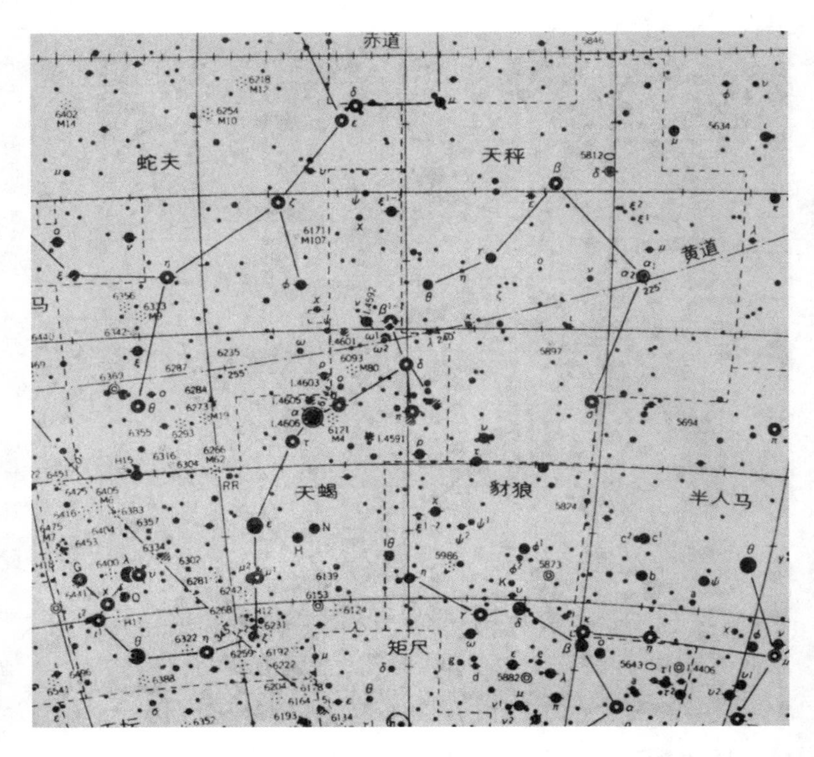

现代星图中的天秤座和天蝎座 ▶

熊 α，等等。

直到那时，天文学家划分星座的方法仍然是把一些比较明亮的恒星用线段连接在一起，组成某种轮廓。这种划分星座的方法不可避免地把大量比较暗弱的恒星遗漏掉了，使它们的星座归属存在很大的随意性。17 世纪，人们开始把目光转向这些比较暗弱的恒星，陆续新添了一些主要由比较暗弱的恒星组成的新的星座。同时，又有更多的南天星座增加到了星座的行列中。这样，到 18 世纪中叶，星座的总数已经超过 100。

1922 年，国际天文学联合会在罗马举行第一次大会，各国天文学家想要做的第一件事就是统一星座的划分。他们废弃了个别天文学家任意增添的一些星座，对于历史上已经得到公认的那些星座作了适当调整，决定把全天划分为 88 个星座。为了避免以后再引起混乱，更重要的是为了使得天空中每一颗天体都有自己的星座归属，他们按照天球上经纬度的走向明确地划定了各个星座的分界线，相互之间不留下任何空隙。这一星座划分方案从 1930 年起公布实施，一直沿用到今天。

（王家骥）

北极星的变迁

星星每天的东升西落，即周日视运动，是地球自转的反映。我们把天上的星星想象成分布在一个球面即天球上。把地球自转的轴线延长，与天球相交，会有两个交点，与地球北极对应的叫作北天极，另一个就是南天极。

由于地球是个球体，对于生活在北半球的人们来说，南天极是看不到的，而北天极一天 24 小时都不会落到地平线下面去。我们看到的北天极与地平面的夹角，就等于我们所在地的地理纬度。离开北天极的角度小于这一地理纬度的星星，全都一天 24 小时永远不会落到地平线下面去。

北极星是一颗很普通的恒星，按照星座命名法，它叫作小熊 α 星。今天之所以叫它“北极星”，完全是因为

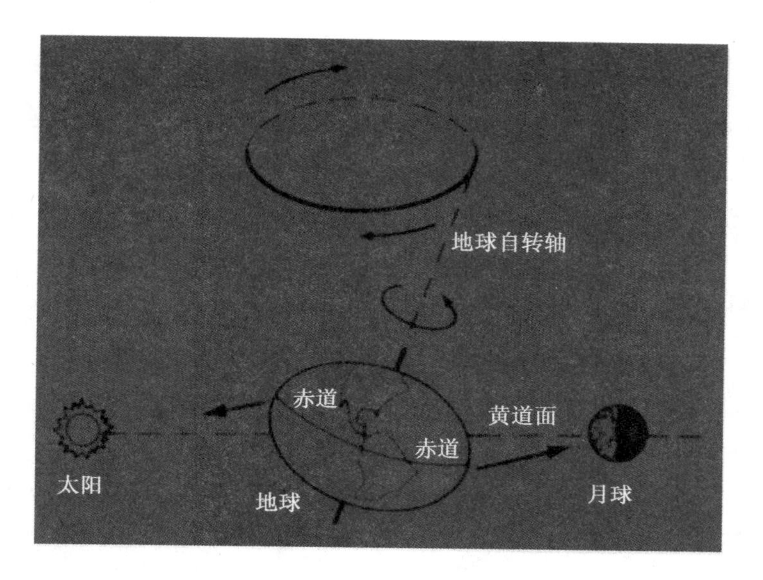

◀ 地球自转轴的运动

它非常靠近北天极现在的位置，两者相距不到 1 度。在众星星中，北极星是颗 2 等星，周围与它角度相距 10 度之内没有比它更亮或者与它差不多亮的星星，相对来说比较容易辨认出来。而且，我们可以借助非常容易识别的北斗七星来寻找北极星，因此我们现在把它作为识别北方的标志。

然而，地球自转轴在太空中所指的方向，不是固定不变的。

地球不是一个真正的圆球，它的赤道部分比圆球突出，而两极部分则略为扁平。此外，地球的自转轴与地球公转轨道平面（即黄道面）成约 66.5 度的夹角，而太阳对地球的引力是沿着黄道面方向。月球绕地球公转的轨道平面（即白道面）与黄道面的夹角约 5 度，月球

北极星的变迁 ►

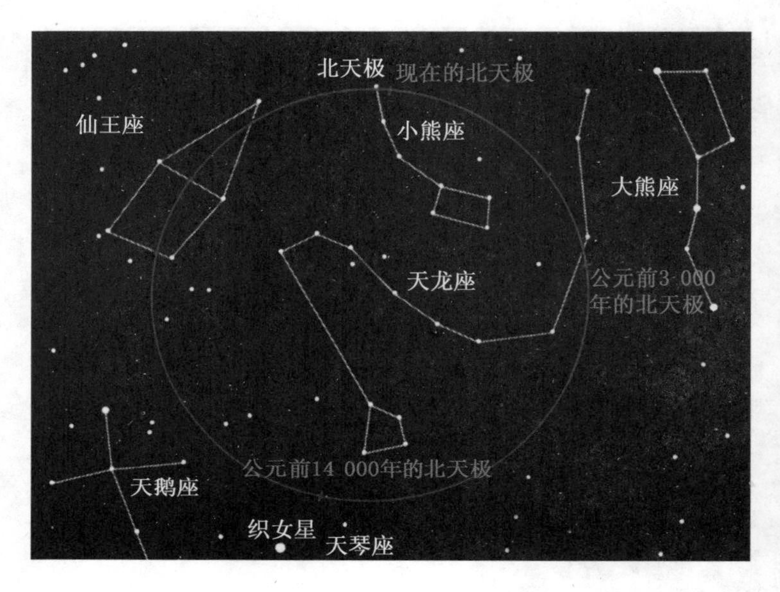

对地球的引力应该沿着白道面方向，与黄道面方向相差不多。

由于太阳和月球对地球的引力都沿着黄道面的方向，它们与地球的赤道面成大约23.5度的角度，这就产生了一种拉力，要把地球赤道突出的部分拉到黄道面内去。可是，地球在自转，存在转动惯性，其结果，自转轴与黄道面之间的夹角不会减小，而是在保持这个角度不变的情况下，自转轴围绕通过地球中心并与黄道面垂直的轴线旋转出一个圆锥形。地球自转轴的这种运动，称为进动。

由于地球自转轴的进动，我们会看到北天极在天球上相对于恒星的位置以大约26 000年为周期画出一个很大的圆。这个圆的半径所张的角度，等于地球赤道面与黄道面的夹角（即黄赤交角），也就是约23.5度。相应地，我们还会发现，天球上黄道与赤道的交点，因此也每年沿着黄道自东向西移动约50秒的角度。

由此可知，我们今天看到小熊α星非常靠近北天极，完全是一种暂时的巧合。在5 000年前，也就是公元前3000年，北天极在天龙α星附近。那时候如果一定要找颗恒星充任“北极星”，那应该是天龙α星。可是，天龙α星是一颗不起眼的4等星，要在繁星密布的夜空中把它找出来，是很不容易的，不大可能像今天我们的北极星一样担负起在夜空中向我们的祖先指示方向的重任。

在5 000年前，能够起指示北方作用的星星，似乎应该是北斗星。现在，北斗七星中离北天极最近的是大熊α星，离开北天极角度是28度；可是在5 000年前，北斗七星中离当时北天极最近的是大熊ζ星，离开北天极角度只有11度，我们的祖先用这七颗星星来辨别北方，应该说不会有太大的差错。

值得一提的是，再过12 000年，北天极将移动到天琴α星，也就是织女星附近。那时候，北斗星离开北天极已经超过50度，根本不能再指示北方。好在织女星是非常明亮的星星，届时由它来担当北极星，就完全不必再求助北斗星了。

（王家骥）

今古黄道十二宫

现在，很多人对十二个黄道星座非常感兴趣。

中国人自古有十二生肖，那是根据出生年份的十二地支（即子、丑、寅、卯、辰、巳、午、未、申、酉、戌、亥）配以十二种动物（分别为鼠、牛、虎、兔、龙、蛇、马、羊、猴、鸡、狗、猪），与天上的星座没有关系。

西方人也有十二属相，但他们属的不是动物，而是星座，也就是十二个黄道星座。他们不是按年论所属的星座，而是大致按月。这里所说大致按月，不是按从每月1日开始的整个月份，而是大致从每月21日左右起算的1个月时间。这十二宫，或者说十二个星座的名称，从春分起，逐月依次为白羊、金牛、双子、巨蟹、狮子、室女、天秤、天蝎、人马、摩羯、宝瓶、双鱼。

黄道附近的这十二个星座，最早是在约 5 000 年前由古巴比伦人划分的。到了 2 000 多年前，古希腊人几何学和天文学都非常发达，他们已经把一个圆周划分为 360 度，把 1 年划分为 12 个月。于是，他们想到，可以把太阳在天球上周年视运动的轨迹黄道，从春分点开始，划分成 12 段，每段 30 度，把每一段称为一个宫，太阳在每个宫内历时就为 1 个月。这样，就为研究太阳的周年视运动提供了方便。因为每年太阳过春分点也就是春分的日期一般都在 3 月 21 日，所以每个宫的起算日期就在每月 21 日前后。

▲ 据考证，这是古巴比伦人绘制的黄道十二星座图

在 2 000 多年前，每年春分这一天，太阳位于白羊座。于是，古希腊的天文学家就把当时从春分开始的这一个月内太阳所在的宫，称为白羊宫，其余的 11 个宫，就依次称为金牛宫、双子宫……从这里我们可以知道，即使在那时候，黄道十二宫与黄道十二星座，也只是名字相同，而两者的空间范围并不完全一致。黄道十二宫是等间隔的 30 度，而十二个星座，则大小各不相同。

春分点每年都在沿着黄道向西移动，26 000 年转一圈。2 000 多年过去了，现在的春分点已经向西移到了双鱼座中。其结果，如今，黄道十二宫与黄道十二星座，在名称上不再保持一致，而是错开了一个星座。

下面，作为对照，依次列出黄道十二宫的名称、太阳经过此宫的日期、目前对应的黄道十二星座名称和太阳经过此星座的日期：

白羊宫，3月21日至4月19日；双鱼座，3月12日至4月18日。

金牛宫，4月20日至5月20日；白羊座，4月19日至5月13日。

双子宫，5月21日至6月21日；金牛座，5月14日至6月19日。

巨蟹宫，6月22日至7月22日；双子座，6月20日至7月20日。

狮子宫，7月23日至8月22日；巨蟹座，7月21日至8月9日。

室女宫，8月23日至9月22日；狮子座，8月10日至9月15日。

天秤宫，9月23日至10月23日；室女座，9月16日至10月30日。

天蝎宫，10月24日至11月21日；天秤座，10月31日至11月22日。

人马宫，11月22日至12月21日；天蝎座，11月23日至11月29日；蛇夫座，11月30日至12月17日。

摩羯宫，12月22日至1月19日；人马座，12月18日至1月18日。

宝瓶宫，1月20日至2月18日；摩羯座，1月19

日至2月15日。

双鱼宫，2月19日至3月20日；宝瓶座，2月16日至3月11日。

其中，蛇夫座习惯上不属黄道十二星座，可是实际上太阳经过这个星座的日子比属于黄道十二星座的天蝎座长得多。

古巴比伦人划分黄道十二星座，是出于占星术的需要。占星术研究的是星象与人间吉凶祸福的关系，从它产生的时候起就是一门伪科学，它的存在基础是人类对各种天文现象产生原因的无知。对于大众来说，不少年轻人很热衷于用黄道十二星座预测性格、命运等，是因为觉得这套东西很新鲜、时髦，这实在是个误解。这些东西应该是2 000多年前的，至多是被后世的占星家们作了些翻新和装饰罢了，但还是掩盖不了其内里的陈腐。

（王家骥）

知识链接

十二宫与十二星座的区别

虽然黄道十二宫的名称与黄道附近的十二个星座的名称相同，但它们有本质的差别。黄道十二宫表示太阳在黄道上的位置，宫与宫的大小是固定的，都是30度，太阳进入每一宫的时间基本上是固定的，现在每年3月21日前后太阳来到春分点，进入白羊宫；6月22日左右来到夏至点，进入巨蟹宫；9月23日前后来到秋分点，进入天秤宫；12月22日左右来到冬至点，进入摩羯宫。与黄道十二宫不同，黄道附近的12个星座的大小不相同；12个星座也不一定位于黄道上，而是分布在黄道两边各8度的区域。

中国古代的三垣二十八宿

中国古代把天上的恒星分为许多星官。“官”在古代和“馆”意义相通，星官就是星星居住的馆舍，与西方的“星座”实际上是一个意思。中国古代的星官与西方古代的星座类似，也是用线段把一些位置邻近的星星连接起来所构成，但与近代和现代的星座在概念上有差别。在近代和现代，星座已经演变为天球上用一定的边界线划分成的一个个区域，而中国的星官仅仅是一种历史遗产，仍旧保留着原来的形式。

中国古代星官里的星星数目多寡不等，有的星数众多，有的却少到只有 1 颗。星官的起名，常常是因想象中日常生活中的器物，例如“斗”，是古人量酒用的，而“毕”，是古代的捕鱼用具。中国古代也把天上的星象与人间的社会、政事相联系，于是把人间的社会组织、国

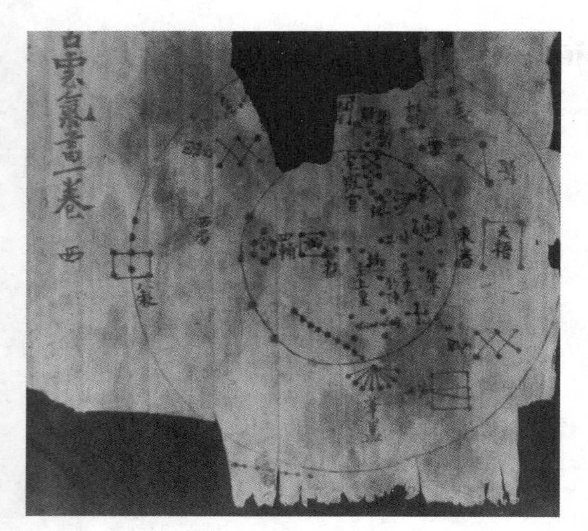

▲ 唐代《占云气书》中的紫微垣星象图，约绘制于 9 世纪

家体制的名称搬到了天上，把星官安上了地上的官职名，例如“天大将军”、“御林军”等。在同一个星官内，星星的名称则用数字一、二……依次排列，例如“轩辕十四”、“南河二”等。

据历史记载，在三国时期，星官的数量已经达到 283 个，包含在这些星官内的恒星数目达到了 1 614 颗。在中国现代天文工作中，尽管星官已经不再使用，可是按照星官对恒星的命名，依然作为恒星的专有名称继续使用。特别是在把西方的恒星专有名称翻译成中文时，按照规定，一般既不音译，也不意译，而是转译为相应的用星官命名的名称。

在中国古代的星官中，值得强调的是三垣和二十八宿。

二十八宿大致分布在黄道附近，“宿”就是“舍”的意思。古人认为太阳、月亮和五大行星在运行过程中要在这二十八个星官所在的天区经过、驻留，因此这样称呼。二十八宿的名称，自西向东，依次为角、亢、氐、房、心、尾、箕、斗、牛、女、虚、危、室、壁、奎、娄、胃、昴、毕、觜、参、井、鬼、柳、星、张、翼、轸。

古人把二十八宿分为四组，配以四种方位。其中，从角宿到箕宿为东方七宿，从斗宿到壁宿为北方七宿，从奎宿到参宿为西方七宿，从井宿到轸宿为南方七宿。这样组成的四组星宿，再配以四种动物和四种颜色，叫作四象，即东方苍龙青色、北方玄武（龟蛇）黑色、西方白虎白色、南方朱雀红色。四象本身没有什么天文意义，然而，根据黄昏时在东方天空出现的是四象中的哪一象，可以判断季节。例如，在春分前后，日落后出现在东方天空的应该是东方七宿。

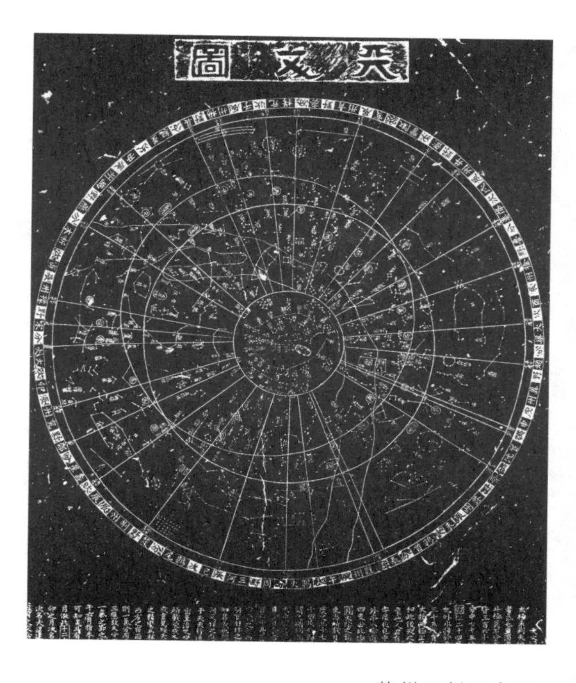

▲ 苏州石刻天文图，宋代黄裳作，刻于公元1247年

中国古代天文学家，还把二十八宿以北的一些星官分为三垣。三垣的名称是紫微垣、太微垣和天市垣。“垣”的意思是矮墙，三垣的每一垣都以一些恒星作为界限，标志出这三个垣的范围。

紫微垣相当于北天极附近天区中的一些恒星，大致包括今天的小熊座、大熊座、天龙座、鹿豹座、仙王座、仙后座等。在中国的北方地区，紫微垣的恒星永远不落到地平线下。

在紫微垣与二十八宿之间，在星宿、张宿、翼宿、轸宿以北，是太微垣。夏季傍晚，太微垣出现在天顶的西侧，大致包括今天的狮子座、室女座、后发座等。

天市垣位于紫微垣与房宿、心宿、箕宿、斗宿之间的天区，大致包括今天的蛇夫座、巨蛇座、武仙座、天鹰座等。每当夏季傍晚，天市垣出现在天顶的东侧。

把星星划分为星官和三垣、二十八宿，这是我们的祖先对于观测星空、探索宇宙奥秘的一种创造，其科学价值完全不亚于西方的星座。我国宋代的大文学家苏轼在其诗作《夜行观星》中写道："天高夜气严，列宿森就位"，他赞叹看上去杂乱无章的满天繁星，通过二十八宿的划分，变得井然有序、各就各位，为当时人们认识星星提供了极大方便。

（王家骥）

真太阳时和平太阳时

很多人以为中午十二点钟的太阳应该在正南方，可是，如果你实际做一做测量，就可以知道实际情况并非如此。

日晷是人类最早使用的计时工具。最简单的日晷就是在地面上垂直竖立一根竿子，然后在竿子的正北方画线，标上十二时，在正西方和正东方分别画线，标上早晨六时和傍晚六时，其余时刻可再根据等分原则一一画出。太阳出来以后，看竿子的影子投射在哪条刻线附近，那就大致是什么时候。

这样的日晷指示的时间很不准确。一个非常明显的原因是我们日常使用的时间是北京时间，即东经 120 度标准时。太阳东升西落是地球自转的反映，在同一时刻，地球上不同经度，太阳的方位是不一样的，根据太阳方

▲ 北京故宫太和殿日晷

位确定的时间自然也就有所差别。这样定出的时间叫作地方时。地理经度每向东 1 度，地方时就要增加 4 分钟。把日晷测定的地方时与北京时间作比较的时候，先要根据你所在地点的地理经度与东经 120 度相减，即把北京时间换算成地方时。

太阳每天在天空中周日视运动的路线与地平面之间都有一个夹角，这个夹角平均来说等于当地地理纬度的余角。为了解决这个问题，你可以用一块平板来代替地面，让平板翘起来，使它与地面的夹角等于当地地理纬度的余角，也就是使它与地球赤道平面平行。

现在你可以发觉，日晷指示的时间比较准了一些，可是一般地说，与北京时间相比，仍然有些日子快一点，有些日子慢一点，相差几分钟到十几分钟。造成这种差值的原因与太阳的周年视运动有关。太阳的周年视运动，是沿着黄道自西向东，平均每天移动约 1 度。这里说的，一是平均，二是沿着黄道。问题就出在这里。

首先，地球绕太阳公转的轨道是个椭圆。地球离开太阳近，公转速度快；离开太阳远，公转速度就慢。这种差异，会在太阳的周年视运动中反映出来，使得周年视运动也随之略快或略慢，并进一步反映到了日晷所指示的时间中来。

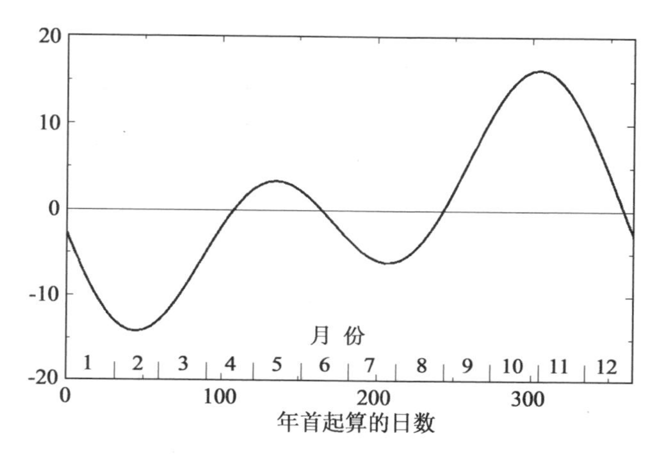

▲ 时差曲线

其次，太阳的周年视运动是沿着黄道，可是日晷的平面与赤道平面平行，黄道与赤道平面有约 23.5 度的夹角，于是，即使太阳沿黄道周年视运动速度是均匀的，可是投影到日晷的平面上，也会变得不均匀。

正是由于上述两个原因，日晷指示的时间是不均匀的，在不同的季节，快慢不同。天文学家把这种用日晷完全依据太阳的视运动测定的时间，称为真太阳时。

如今，如果我们在日常生活中使用真太阳时，那显然很不方便。我们现在日常使用的是机械表或者电子表，这种计时装置要求时间必须是均匀的。为此，天文学家就设法创造了一种均匀的时间，叫作平太阳时。

天文学家假想了一个平太阳，它与真太阳不同，首先，它是沿着天赤道作周年视运动；其次，它沿天赤道作周年视运动的速度是均匀的，其大小等于真太阳周年视运动的平均速度。于是，依据平太阳确定的时间，就是均匀的时间了。

然而平太阳并不存在，因此平太阳时不能由观测直接测定，它只能通过计算得到。天文学家根据地球的公转运动，计算出了每天真太阳时与平太阳时的差值，这一差值称为时差。在1年之中，时差有4次等于零，分别在4月16日、6月15日、9月1日和12月24日左右。每年2月12日前后，真太阳时比平太阳时慢得最多，达到14分24秒；每年11月3日前后，真太阳时比平太阳时快得最多，达到16分24秒。

（王家骥）

多出的一秒——闰秒

在20世纪的最后30年里，我们常常听到，要在这一年的6月30日或者12月31日，在23时59分59秒之后，增加1秒，即随后的23时59分60秒，不立即等于第二天的0时0分0秒，而要再过1秒，到23时59分61秒，才等于第二天的0时0分0秒；也就是说，这一天的最后一分钟，不是60秒，而是61秒，这多出的1秒，称为闰秒。进入21世纪以后，尤其这几年闰秒出现得少了些，不过仍旧还会出现。

1分钟不是60秒，而是61秒，这事情听起来颇有点荒唐，可这恰恰是由于科学技术的发展而做出的一项规定。

自古以来，人们就把太阳的东升西落作为计量时间的标准，后来出现了机械表，发现太阳的视运动有时快、有时慢，并不均匀，于是就用假想的平太阳代替了真太阳。平太阳的周年视运动是假想的完全均匀的运动，但周日视运动仍然以地球自转为依据，因此，以平太阳的视运动作为标准计量的时间，即平太阳时，实际上计量的是地球自转。

1929 年石英钟问世，这种钟以石英晶体在受到变化的电压激发时振动的频率来计时，每天误差可以小于千分之一秒。当天文学家用如此精密的时钟来计量平太阳时的时候，他们发现了平太阳时原来也并不均匀。这种不均匀反映的是地球自转速度的变化。

看来，地球自转不是一种理想的时间计量标准。物理学家像天文学家一样需要准确的时间，甚至要求更高。不过，在天文学家把眼睛盯着茫茫宇宙时，物理学家却把眼光转向了微观的原子。他们发现，原子里电子能级发生跃迁时发出的电磁波辐射频率是恒定不变的。20 世纪 50 年代，原子钟应运而生。

▼ 美国国家标准技术研究所的初级频率标准器

1967 年 10 月，在第十三届国际计量大会上，决定把 1 秒的长度，从原来平太阳时 1 天长度的 1/86 400，改为

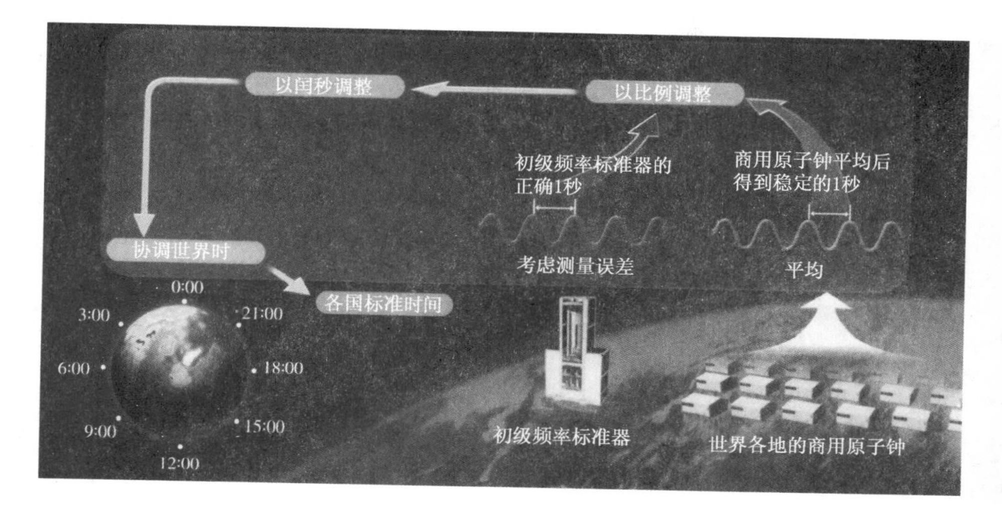

▲ 协调世界时的定时过程

一种特定的铯原子跃迁所产生的电磁波辐射振荡周期的9 192 361 770倍。这样定义的1秒长度，称为国际单位制秒，以国际单位制秒为基础建立起来的时间记录系统，称为国际原子时。

天文学家把国际原子时与地球自转进行比较，结果发现，国际单位制秒比原来平太阳时的秒短了亿分之三。因此，即使地球自转严格保持20世纪60年代的速度丝毫不变，一年下来原子钟也会比依据地球自转计量的平太阳时快将近1秒。

为了解决这个问题，国际天文学联合会和国际无线电咨询委员会提出了一种“协调世界时”。从1972年起，协调世界时采用国际单位制秒作为1秒长度，因此在时间进程上与原子时完全同步，但是在时刻的计量上，必要时在6月30日或12月31日增加1秒，用于补偿世界时落后于原子时的差距，称为闰秒。

由于地球自转速度变化很不规则，具体在什么时候需要闰秒，只能根据对地球自转的实际观测结果确定。这项工作，由国际地球自转服务中央局和国际计量局负责。国际地球自转服务中央局根据世界各国天文台的天文观测结果得到世界时，国际计量局采集全世界原子钟的信息得出原子时，并把原子时与世界时比对，确定是否需要闰秒。

我国所用的北京时间，是由协调世界时加上北京时间的时差 8 小时得到的。世界其他国家的标准时间，同样是由协调世界时加上这个国家标准时间的时差得到的。

（王家骥）

农历难有“闰春节”

在中国的农历中，每隔 2 ～ 3 年就会出现闰年，于是这一年中就有了闰月。例如，与 2004 年相应的农历甲申年含有闰二月。可是人们似乎从来没有遇到过闰正月，这是为什么？

现行的历法大体上分为阳历、阴历和阴阳历三大类。阴历完全依据月球绕地球的运动周期（朔望月），历年没有天文意义；阳历所依据的是地球绕太阳的运动周期（回归年），历月没有天文意义。所谓“阴阳历”则是兼顾了阴历和阳历的特点，如中国的农历就是一种阴阳历。农历以朔望月为历月长度的基础，历月的平均长度等于朔望月；同时，设置闰年和 24 节气，使历年的平均长度等于回归年。农历中历年的设置是平年 12 个月，历年长 354 天；闰年 13 个月，历年长 384 或 385 天，增加的一个月称为闰月；19 个历年中设置 7 个闰年，称为“十九年七闰法”。这样一来，19 个历年的总长度和 19 个回归年的长度近乎相等，仅相差 2 时 9 分 36 秒。

在我国的农历中，闰年以及闰年中闰月的设置规则颇为复杂，为此首先要对节气加以说明。24 节气是中国农历的特点，不少人误认为节气是阴历的内容，实质上节气属于阳历的范畴。例如，一年中白天最长的一天为夏至，白天最短的一天为冬至，昼夜平分的两天为春分和秋分；包括其他节气在内的 24 个节气在一年内均匀分布。以上是民用上的定义，节气的含义是一天。天文学上的定义是：太阳到达离天赤道最远并位于天赤道之上的瞬间为夏至，到达离天赤道最远并位于天赤道之下的瞬间为冬至，两次经过天赤道的瞬间为春分和秋分。同样，包括其他节气在内的 24 个节气在一年内均匀分布。因此，天文学上节气的含义是某个瞬间。显然，节气依据地球公转周期回归年而定，本质上属于阳历，节气轮转符合气候变化的规律。我国的农历设置 24 节气，具有阳历的性质，因而农历属于阴阳历，而不是阴历。

同一节气在阳历中的日期是大致固定的，不同年份中最多前后相差一天，起因于回归年不是日的整数倍以及公历的闰年要增加一天。比如，春分总是出现在每年的 3 月 21 日或 22 日，而冬至总是在 12 月 22 日或 23 日，等等。相反，同一节气在阴历中的日期变化很大，不同年份前后可以相差达一个月。例如，1955 年和 1956 年的清明都在 4 月 5 日，但相应的农历日期分别为乙未年三月十三和丙申年二月十五，几乎相差 1 个月，其他节气的情况也是如此。

节气又分为“节气”和“中气”两大类，并交替安置。属于“节气”的是小寒、立春、惊蛰、清明、立夏、芒种、小暑、立秋、白露、寒露、立冬、大雪；属于“中气”的有冬至、大寒、雨水、春分、谷雨、小满、夏至、大暑、处暑、秋分、霜降、小雪。24 节气在阳历一年中的配置可以按地球公转运动周期（回归年）在时间上作 24 等分，称为“恒气”，每个节气的长度相等；也可以按地球公转轨道路径均分为 24 等分，称为“定气”，这时各个节气的时间长度是不等的。根据开普勒第二定律，即地球公转运动的面积速度不变，冬至前后地球靠近近日点，轨道运动速度快，节气长度不足 15 天；夏至前后地球靠近远日点，轨道运动速度慢，节气长度超过 15 天。

农历闰年有 13 个月，其中增加的一个闰月插在一年中的位置是有规定的。农历历月长 29 ～ 30 日，平均约 29.5 日，因此一般会含有两个节气，或者说一个节气一个中气。另一方面，24 节气的总长度约为 365.25 日，连续两个节气的平均长度约为 30.5 日，比农历历月的平均日数约多一天。因此，农历每个历月中节气和中气所在的日期必然比上一个月推迟 1 ～ 2 天。长此累积，每经过 32 ～ 33 个农历历月后，必然会有一个月只有节气（在月中）而没有中气，这一个月便定为闰月。农历每经过 32 ～ 33 个月就插入一个闰月，19 年中插入 7 个闰月，从而保证农历历年的平均长度接近回归年的长度。闰月前为几月，该闰月便称为闰几月，如五月后的闰月称为闰五月。

以上便是农历置闰的法则，它是十分严格的。农历闰月必定只有一个节气，而且一定不是中气，其他历月都有两个节气，个别月份甚至可以有三个节气。农历的最大缺陷是不同年份历年的长度相差太大，可达 30 ～ 31 天，这就会造成生活或工作安排上的某些不便。最明显的就是在不同年份中春节（农历正月初一）的阳历日期可变动 1 个月左右，这就给学校每学期课程的设置带来一定麻烦。

现在农历中的节气设置采用“定气”方法，冬季两个节气的平均长度约为 29.74 天，比朔望月长度 29.56 长不了多少，节气逐月向后移动得很慢，所以冬季设置闰月的可能性很小。夏季的情况恰恰相反，再加上冬季期间节气逐月后移的累积作用，农历三、四、五、六、七月后的闰月设置较多。

在公元 1821 年至 2020 年这 200 年中，共有农历闰月 74 个，其中闰正月、闰十一月、闰十二月一次也没有。闰五月最多，达 17 次，其次是闰三、四、六、七月，分别为 9、15、10、8 次。另外有闰二月 6 次，闰八月 6 次，闰九月 2 次，闰十月 1 次。既然没有闰正月，因而我们也就过不到“闰春节”了。

（赵君亮）

年的长度和缺失的十天

绝大多数人以为，地球公转一周就是1年。其实，这种讲法就像说地球自转一周就是1天一样并不严格。要确定地球的公转周期，像确定地球的自转周期一样，要以太阳系以外的天体即遥远的恒星作为参照点。这样确定的地球公转周期，称为“恒星年”。1恒星年的长度是365.256 4日。另一方面，以太阳为参照点所确定的地球公转周期称为“回归年”，等于365.242 2日。

我们日常生活中所说的1年，由历法所规定。现在世界通行的公历以及中国的农历，有一个共同的特点，那就是从长期来说，要求一定的季节在一年之中出现的日期保持在一定的范围内。例如，以“春分”所对应的日期变化范围为例，公历就前后一两天，农历则前后可相差一个月左右。

登封观星台，位于河南登封，建于元朝初年，是中国现存最早的天文台，其建筑具有测定中午太阳与地平面夹角的功能 ►

中国的农历按照朔望来定月，每月开始的第一天即初一日必定是朔日。一个朔望月是29.530 59日，12个朔望月是354.367日，因此农历12个月是354日或355日，比1回归年少了十多天。农历1年通常是12个月，但为了补上比1回归年少的这十多天，每隔两三年要插入一个闰月，也就是说这一年有13个月。

中国在春秋时代，历法中已经采用19年插入7个闰月的规定，这样平均每年为365.246 8日，与回归年相比，每10 000年多46天。在南北朝时期，祖冲之提出391年插入144个闰月，平均每年为365.242 8日，与回归年相比，每10 000年只多6天。很可惜，祖冲之的建议没有得到推广、使用。现代中国的农历完全依据24节气在各个月内的分布情况来设闰月，平均年长度与回归年完全一致。

公历起源于古埃及。在公元前46年，古罗马帝国的最高统治者儒略·恺撒，在天文学家协助下，进行历法改革，规定每年365日，分为12个月。单数月份为大月，每月31日；双数月份为小月，每月30日。但2月份（当时的2月份是一年之中的最后一个月份）只有29日，另每4年设一闰年，闰年的2月份为30日，全年366日。

▲ 美国科罗拉多州和犹他州交界处的霍芬维普城堡遗迹，是一座与太阳观测有关的古建筑，图为从西面所见情景。箭头所指为观测夏至日落所用的窗口

由儒略·恺撒推行的新的历法，后来叫作儒略历。儒略历的平均年长度是365.25日，比1回归年长了0.007 8日，即每10 000年多78日。因此，儒略历在创立的时候，准确程度就已经不如同一时代在中国使用的农历。

在西方语言中，公历每个月的名字并不是通常所用的数字，其中7月份的名字叫“儒略”，是为了纪念生于7月的儒略·恺撒。公元前8年，古罗马帝国新的最高统治者奥古斯都生于8月，他决定用自己的名字来称呼8月份。由于8月份原来是小月，只有30天，他不愿意用自己名字命名的月份是小月，就把8月份改成了大月，有31日，同时为了避免连续出现3个大月，把9月份和11月份改成了小月，而10月份和12月份改成大月；又为了避免每年多出1日，就把2月份再减少1天，即平常年份只有28日，而闰年29日。

由于儒略历的年长平均比1回归年长，春分的日期就逐渐提早，到了16世纪，竟然早了10天。1582年，罗马教皇格里高利十三世接受天文学家的意见，决定公历每10 000年减少75个闰年，即把设置闰年的规定改为：每逢年份能被4整除而不能被100整除的就设闰，但年份能被400整除的仍设闰。

这样修改后的公历成为格里历。格里历的平均年长度是365.242 5日，与回归年相比，每10 000年多3日。对于日常生活来说，这样的准确度足够了。

原来实行儒略历时多出来的10天，怎么办呢？格里高利教皇倒也干脆，他就简单地规定，把1582年10月4日的第二天，即本来应该是10月5日的那一天，规定为10月15日。这样一来，这一年的10月5日到14日这10天，就永远从历史上消失了。

（王家骥）

游荡和会打圈的星星

人们在远古时候，就已经注意到，夜空中有几颗亮星，初看上去与别的星星没什么两样，可是若仔细观察，却有着与众不同的特点。几乎所有星星相互之间的位置看不出有什么变化，然而这几颗亮星在众星中的位置不断变化，这种变化甚至在几天内就可以看出来。

这样的星星一共有五颗，即水星、金星、火星、木星和土星，被称为“行星”。观测发现这五颗行星在其他星星之间的移动路线与太阳和月亮的移动路线很接近，都在黄道十二星座内。

在古希腊，由于航海的发展，在大海上航行的船舶需要依靠星星来导航，几颗大行星因其明亮和易于识别而成为导航首选，这就需要对它们在星空中位置移动的规律作深入探索，于是天文学脱离了占星术，不再停留火星的视运动及其在日心说中的解释，其中带数字的位置从1994年10月15日起到1995年6月15日，每隔一个月给出一个位置►

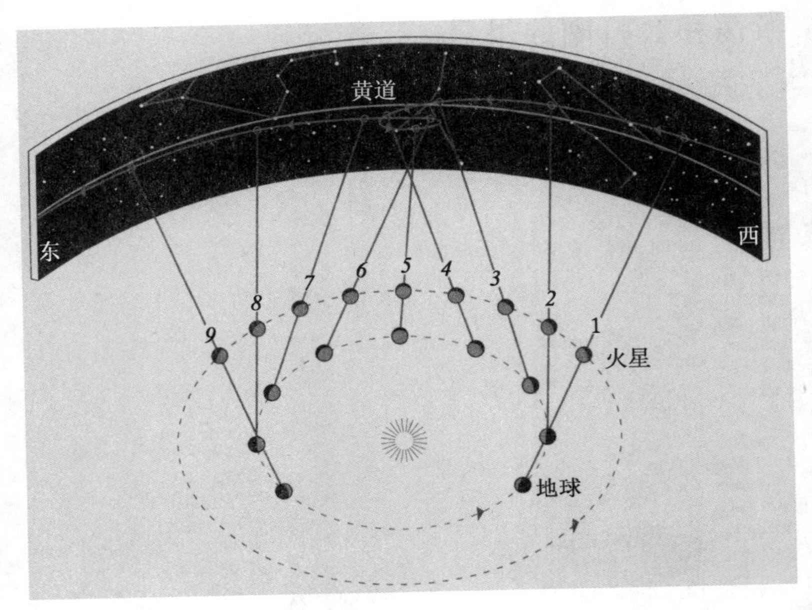

在仅仅根据行星运动占卜吉凶祸福的层次上，及至出现了托勒密的地心说，以及后来的日心说。

行星在星空背景上复杂的视运动，在日心说中可以得到完美的解释。首先来看行星打圈是怎么回事。在日心说中，这个问题的解释简单极了，其原因就在于我们是在运动着的地球上观测这些行星，而这些行星的轨道平面对于地球轨道平面又都有若干倾斜度。

水星和金星绕太阳公转的轨道在地球绕太阳公转的轨道以内，这两颗行星因此被称为地内行星。从地球上看，地内行星始终只能在太阳附近一定的角度范围内“徘徊”。当地内行星出现在太阳西边时，凌晨可见，其中离开太阳角度最远时，称为西大距。当地内行星走到

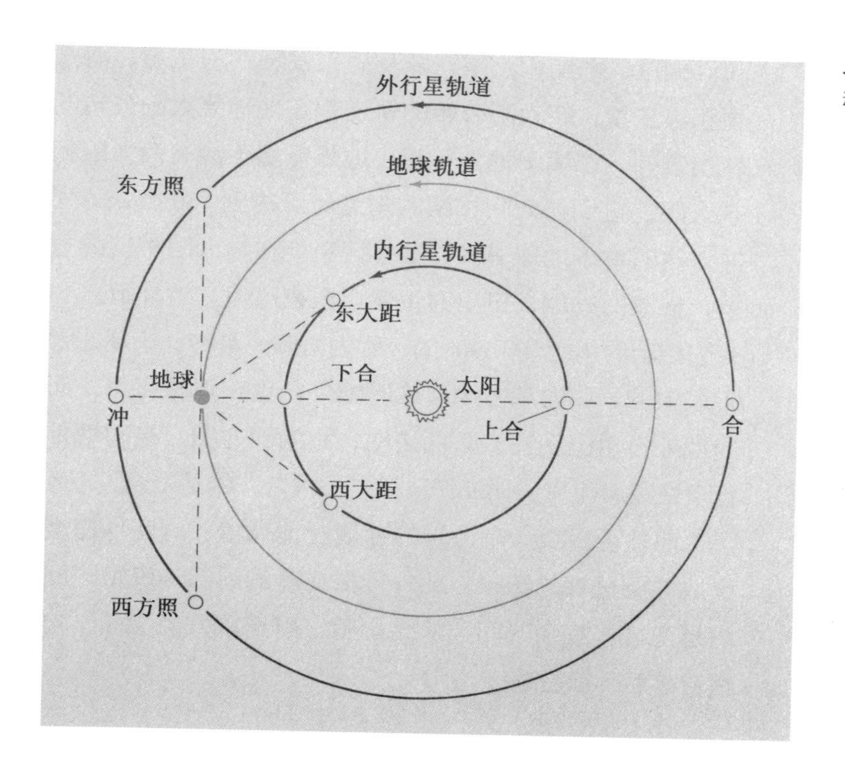

◀ 行星的视运动特征

太阳后面与地球相对的一点时，称为上合。上合后，地内行星变为出现在太阳东边，黄昏可见，其中离开太阳角度最远时，称为东大距。东大距后，地内行星又逐渐靠近太阳，当它走到太阳前面恰好处在太阳和地球之间时，称为下合。然后，它又变为出现在太阳西边。

地内行星绕太阳公转的速度比地球快，这两种速度合成加上透视的结果，地内行星在西大距之前到东大距之后，包括上合前后，在这段较长的时间内是顺行，而在下合前后较短的时间内是逆行。

火星、木星和土星，以及后来发现的天王星、海王星和冥王星，绕太阳公转的轨道都在地球绕太阳公转的轨道以外，都属于地外行星。地外行星不会有西大距和东大距，它们与太阳相距的角度可以达到 180 度，称为冲；这时对于地球来说，地外行星处在与太阳相反的方向，日落时升起，日出时下落，全夜可见。地外行星与太阳相距的角度等于 90° 时，称为方照，其中，出现在太阳东边的，称为东方照，这时地外行星在黄昏可见；而当地外行星出现在太阳西边时，称为西方照，这时地外行星在凌晨可见。地外行星只有一次合，就是上合。

地外行星绕太阳公转的速度比地球慢，这两种速度合成加上透视的结果，地外行星在冲的前后一段短时间内是逆行，其余时间，从西方照之前到东方照之后，包括合前后，都是顺行。

（王家骥）

开普勒从 8′ 之差发现行星运动三定律

1543 年哥白尼创立了日心说，并逐渐为科学界所接受。在他的日心说中，包括地球在内的太阳系行星都沿各自的轨道绕太阳做匀速运动，运动轨道是一个圆，而太阳则居于所有行星轨道的公共圆心上。现在我们知道，行星绕太阳的公转轨道是一个椭圆，太阳位于椭圆的一个焦点上，而行星的轨道运动速度是不均匀的。对行星运动的这一正确认识，归功于德国天文学家约翰内斯·开普勒。

1571 年 12 月 27 日，开普勒降生于德国的符腾堡，是一个陆军军官的儿子。他自小家境贫困，身体十分娇弱。9 岁时开普勒失学，而后给人家当佣人，直到 12 岁时入一所修道院学习。1587 年进入蒂宾根大学，并在那里接受了哥白尼的思想，很快成为日心学说的忠实维护者。1591 年获硕士学位后，于 1594 年在奥地利的一所路德派高级中学担任数学教师。在那里他开始研究天文学，并于 1596 年出版了《宇宙的神秘》一书。开普勒的天文学才能受到丹麦天文学家第谷的赏识，并于 1600 年应邀来到布拉格，成为第谷的助手。1601 年第谷去世，开普勒成为第谷天文事业的继承人。

生于丹麦贵族家庭的第谷是一位杰出的观测天文学家，他家境富有，工作得到皇家的有力支持。第谷去世后给开普勒留下了大量可靠的观测资料，成为开普勒进行天文研究的宝贵财富。第谷本人曾提出一种介乎托勒密地心说和哥白尼日心说之间的宇宙体系。他认为地球位于宇宙的中心静止不动，行星绕太阳转动，而太阳则带着全体行星绕地球运动。第谷体系在欧洲没有得以流行，但在 17 世纪初传入中国后曾一度被接受。

第谷逝世时开普勒已经着手行星的研究，他主要探讨火星的运动规律。开普勒深知第谷遗留下来的资料的重要性，他花了很长的时间分析这批观测资料。经过反复的推算后开普勒发现，如果行星是做匀速圆周运动，那么无论是采用托勒密体系、第谷体系还是哥白尼体系，理论上预期的行星位置总是不能与行星的实测位置完全符合。对于火星来说，这一误差最多可达 8 分。须知，当时望远镜还没有问世，而在望远镜发明之前，这样的差异实在是很小的。但是，开普勒对第谷的为人非常了解，他笃信第谷资料的可靠性，并对哥白尼体系中的行星在公转轨道上做匀速圆周运动这一点产生了怀疑。经过反复研究和测算后，开普勒认定火星绕太阳运动的轨道不是圆而是椭圆。这个发现把哥白尼学说大大地向前推进了一步，用开普勒本人的话来说，“就凭这 8 分的差异，引起了天文学的全部革新！”这样就诞生了开普勒第一定律，也就是行星运动第一定律：“所有行星的运行轨道都是椭圆，太阳位于椭圆的一个焦点上。”

▲ 开普勒（1571—1630）

接着他又发现，虽然火星在轨道上的运动速度是不均匀的，在近日点（距离太阳最近的一点）处最快，在远日点（距离太阳最远的一点）处最慢，但在任何位置上，单位时间内火星与太阳的连线（称为向径）所扫过的面积却是不变的。“行星向径在相等的时间内扫过的面积相等”，即面积速度保持不变，这就是开普勒第二定律，又称面积定律。开普勒在 1609 年出版的《新天文学》一书中发表这两条定律时明确指出，它们适用于所有行星和月球的运动特征。

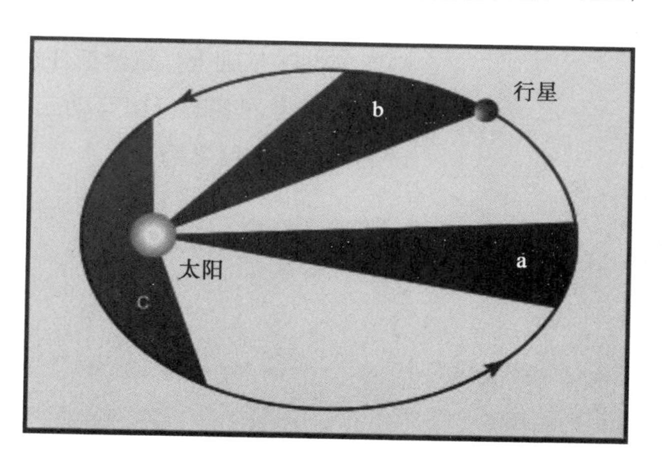

▲ 开普勒第二定律示意图

1612 年，开普勒的保护人鲁道夫二世被迫退位，他本人也离开布拉格，去了奥地利的林茨，并继续从事天文研究。开普勒花了很长的时间，通过反复计算，试图找到各个行星轨道之间的几何关系。经过无数次的失败后，终于在1619年出版的《宇宙谐和论》一书中发表了他的行星运动第三定律，这就是"行星公转周期的平方与行星轨道半径的立方成正比"。

事实上，开普勒行星运动三定律不仅适用于绕恒星转动的行星，而且也适用于绕行星转动的卫星。行星运动三定律的发现，为经典天文学奠定了可靠的基础，并导致几十年后牛顿万有引力定律的问世。8分是个什么概念？这只相当于从上海人民广场的一端看到的在广场另一端一个身高1.2米孩子。开普勒就是在坚信第谷观测资料可靠性的基础上，紧紧抓住这样一点微小的差异不放，导出了举世闻名的行星运动三定律，这正是我们今天所说的科学家的科学精神。

（赵君亮）

太阳系天体的运动规律

这里所说的太阳系天体，是指九大行星和行星的卫星，它们是太阳系内的主要天体。观测表明，行星绕太阳的公转运动和卫星绕行星的公转运动，都符合开普勒行星运动三定律。不仅如此，无论是行星绕太阳的公转运动，还是卫星绕行星的公转运动，以及行星的自转，还表现出一些有趣的共性特征，即（1）尽管这些公转轨道都是椭圆，但椭圆的偏心率都很小，或者说绝大部分轨道很接近圆形，这就是近圆性；（2）地球绕太阳运动的轨道平面称为黄道面，而行星绕太阳和卫星绕行星的公转轨道平面与黄道面的交角都比较小，称为共面性；（3）行星和卫星的公转及自转大多有着大致相同的方向，如果从地球北极上方向下看，这个方向是逆时针的，这称为同向性。

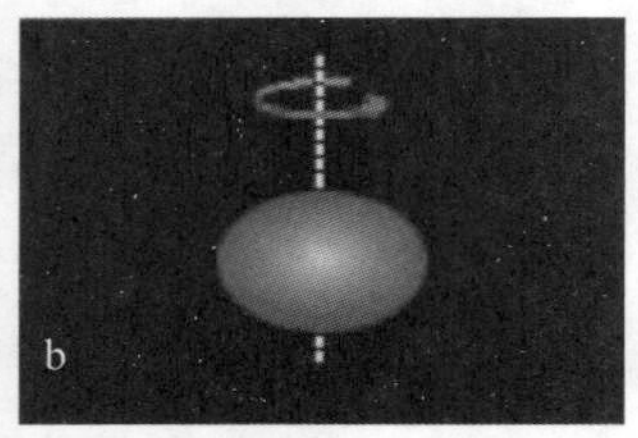

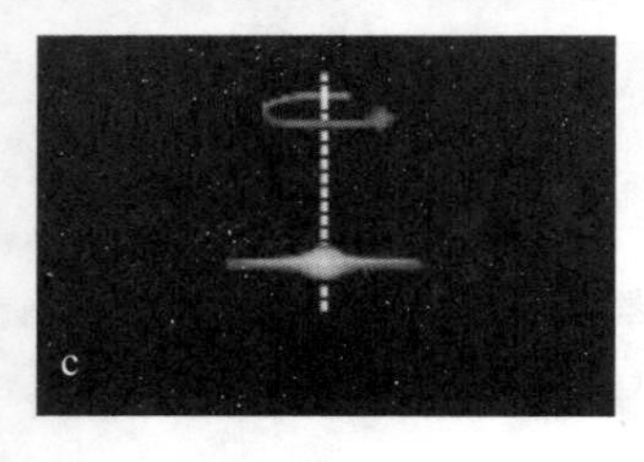

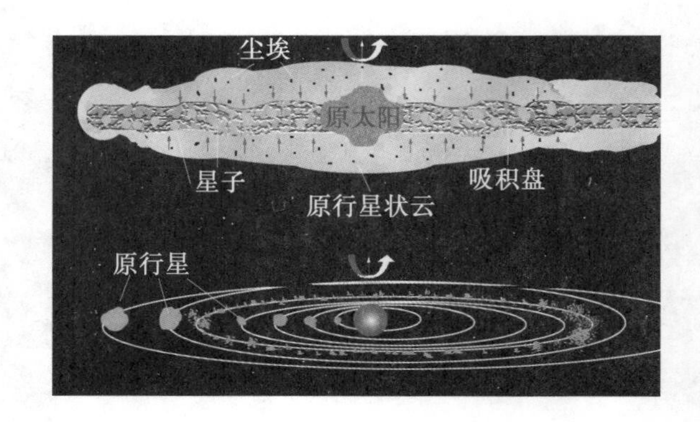

▲ 原始星云经引力坍缩形成太阳系的过程（左 a～c 图为星云坍缩的总体情况，右图示意性地说明太阳和行星的形成过程）

太阳系主要天体的运动状态存在近圆性、共面性、同向性这三个共性特征绝不是偶然的，必定有着共同的成因，任何太阳系起源和演化学说必须对此做出合理的解释。关于太阳系起源的问题，至今尚未形成完整的学说，因为这种学说不仅首先要说明上述共性运动特征，还必须对一些个性特征给出恰当而又合理的解释。现在比较流行的观点是“星云说”。这种学说认为，在宇宙空间存在一些由气体和尘埃组成的巨大的云块，称为巨分子云，而形成太阳系的原始星云，就是由这种巨分子云瓦解而生成的较小云块，半径约为 4 000 天文单位。太阳系原始星云一面自转，一面在自引力的作用下缓慢收缩。在引力和转动造成的离心力的共同作用下，星云逐步变为扁平状。在这个过程中，大部分物质慢慢地向中心集中，最终形成太阳。外围物质先生成星云盘，然后盘物质形成一些大小不等的团块，称为星子，星子再聚集而形成行星、行星周围的卫星以及其他一些小天体。星云说能够比较好地说明太阳系主要天体的近圆性、共面性和同向性这三个主要运动特征。

太阳系主要天体的运动除了上述三个共性特征外，还存在少数例外。明显不符合同向性的是金星的逆向（顺时针）自转和天王星的侧向自转，这两颗行星的赤道面与绕日公转轨道面的交角分别为 177° 和 98°。不仅如此，由于天王星卫星的公转轨道平面与天王星的赤道面相重合，因此这些卫星绕天王星的公转轨道面与天王星绕太阳的公转轨道面同样交成 98° 角，这又不符合共面性规律。此外，水星公转轨道的偏心率为 0.206，冥王星轨道的偏心率为 0.256，与其他行星的轨道相比是较为扁的椭圆，共圆性较差；而冥王星轨道面与黄道面的交角比较大，达 17 度 1 分，共面性较差。

为了说明不符合共性特征的少数例外，特别是金星的逆向自转和天王星的侧向自转，天文学家提出了各种解释机制。有一种观点认为，在太阳系大行星形成后不久，行星际空间还游弋着大量星子，而其中大星子对个别行星的猛力撞击就完全有可能使行星的运动状态发生剧烈变化，因而也就不符合原有的共性特征了。对此，有人已经作了一些定量计算，并发现如果有一个直径 11 600 千米、质量为 4.5×10^{21} 吨（约为天王星质量的二十分之一）的大星子，沿抛物线轨道与天王星发生擦边碰撞，那么就足以撞翻天王星，使它的自转轴方向发生很大的变化而成为目前所具有的侧向自转状态。大星子的撞击作用同样可以用来解释金星的逆向自转。如果金星原来的自转方向合乎同向性规律，那么一个质量为 5.4×10^{19} 吨（相当于金星质量的百分之一）的大星子从相反方向掠撞金星，便足以把金星的自转方向颠倒过来，使它变为逆向自转。

如果确实存在这类撞击事件，那么幸运的是在太阳系的演化过程中，这类大星子没有撞上我们的地球，不然的话，地球很可能被撞得脱离原有的轨道，而今天繁花似锦的世界也许就不复存在了。

（赵君亮）

地内行星的凌日现象

天文学上把位于地球公转轨道以内的行星，即金星和水星，统称为地内行星。地内行星在运动过程中，有时会处于地球和太阳之间；当它和地球、太阳处于同一直线上时，便发生所谓凌日现象。尽管金星和水星都比月球大，但它们离开地球的距离要比月球远得多，在地球上看来要比月球小得多，因而凌日发生时，地球上的观测者只能看到一个很小的黑圆点在太阳表面缓慢地移动。凌日只有水星凌日和金星凌日两种，凌日的原理从本质上来说与日食是一样的。日全食发生时，月球可以把太阳圆面全部掩去，天空会明显地暗下来，从而给人以深刻的印象。凌日发生时，太阳发光圆面被地内行星遮去的只占极小一部分，天空的亮度不会有任何影响。

根据以牛顿引力理论为基础的天体力学，天文学家已经完全掌握了太阳系天体的运动规律，可以对一些重要天象，如日食、月食、火星大冲以及月球掩恒星或掩行星等发生的时间、地点做出长期而准确的预报，其中包括行星凌日。

由于水星或金星绕太阳的公转轨道并不与地球绕太阳的公转轨道位于同一平面上，因此并不是每当地内行星处于地球和太阳之间时都会发生凌日现象。地球绕太阳的公转轨道平面称为黄道面，只有当地内行星位于地球和太阳之间，并且又处于它们的公转轨道平面与黄道面的交线上时，才会发生凌日。所以，凌日现象的出现是很有规律的：水星凌日必然发生在 5 月 8 日或 11 月 18 日前后，其中 11 月份的凌日机会较多；金星凌日必然发生在 6 月 7 日或 12 月 9 日附近，其中 6 月份的凌日机会略多一些。

离太阳越近，发生凌日的机会越多。因此，相对来说，水星凌日发生的机会还算是比较多的，每 100 年平均有 13.4 次，其中发生在 11 月的有 9 次，发生在 5 月的有 4 次。金星离开太阳要比水星远，发生凌日的机会要比水星凌日少得多。一般情况下，两次金星凌日之间的间隔为 8 年、105.5 年、8 年、121.5 年，依此类推，这就是 243 年周期，也是金星凌日最基本和最稳定的周期。

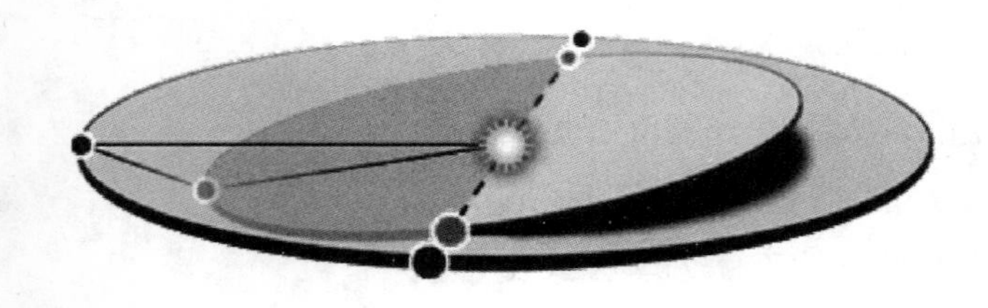
▼ 凌日发生的几何条件

在人类历史上，首次对水星凌日做出

预报的是德国天文学家开普勒，他于1629年预言，1631年11月7日将会发生一次水星凌日。该日，法国天文学家伽桑狄在巴黎亲眼目睹了水星的小黑圆面在日面上慢慢地移动。从1631年到2003年的370多年中，共出现50次水星凌日，其中发生在11月的有35次，发生在5月的只有15次。

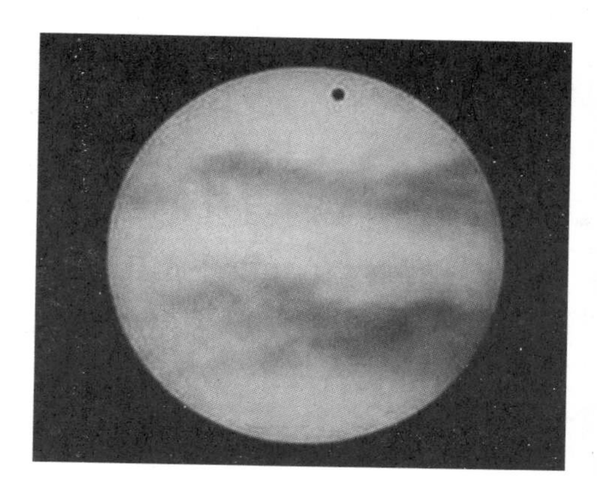

▲ 金星凌日照片

还是这位开普勒，他同样在1629年首次预言了1631年将发生一次金星凌日，但在欧洲是看不到的，因此无人目击这一天象，而开普勒本人也没有能预测到相隔8年后的1639年金星凌日会再度出现。人们第一次看到金星凌日是在1639年，预报这次金星凌日的是英国人霍罗克斯。尽管此公从未接受过正规的天文教育，但他凭借对金星、太阳和其他行星坚持多年的观测并寻求其规律性，准确地预言了1639年11月24日会发生一次金星凌日。届时他观测到了金星在太阳圆面上缓慢经过的全过程，从而成为有史以来预测并成功观测到金星凌日现象的第一人。

1677年哈雷在观测水星凌日后意识到，可以借助金星凌日来测量日地距离，并对1761年的金星凌日作了预报。不过哈雷明白，他是无缘看到这次罕见的天象了。1761年6月6日，根据哈雷的预测，天文学家奔赴合适的观测点观测金星凌日，他们从约70个点的观测数据印证了哈雷生前的预言，并首次比较准确地测定了地球到太阳的距离——天文单位的长度。在人类历史上，包括2004年6月8日的凌日在内，为人们所看到的金星凌日天象共计有6次，因此可以说金星凌日现象是很罕见的。2012年6月6日的金星凌日，上午，包括上海、北京在内的我国大部分地区，天文爱好者看到了凌日的全过程。

从1631年起，人们观测凌日已有三百多年的历史。早期天文学家曾通过凌日现象测定天文单位的千米数，今天人们对金星凌日或水星凌日只是作为一种比较罕见的天象来加以观赏，凌日本身已经没有多大的科学研究意义了。

（赵君亮）

年轻人用笔和纸发现海王星

人类对行星的认识和研究可以追溯到遥远的古代，例如在中国的甲骨文里就有关于木星的记载。由于行星相对群星的移动，以及它们亮度的变化，人们早就发现了行星。行星一词的原意就是指在天空中游荡的天体，而在希腊语中它的含义是“流浪者”。人们最早知道的是水星、金星、火星、木星、土星这五颗行星，中国在战国时期就有了“五星”的说法。在古代西方，很早就以神话人物的名字来命名这五大行星，如火星是战神，土星是农神，等等。到二百多年前，人们所知道的也只有连地球在内的六颗行星。当然，对这六颗行星也就无所谓谁是它们的发现者。

1781 年 3 月 13 日，英国天文学家威廉·赫歇尔在一次偶然的机会中发现了天王星。一开始赫歇尔以为他在

亚当斯（左）和勒威耶（右）▶

望远镜中看到的这颗星是一颗彗星，后来经过轨道计算，才确认发现了太阳系内的一颗新的行星。

天王星被发现以后，人们对它的运动情况进行了仔细的观测和研究。当时，开普勒行星运动三定律和牛顿万有引力定律已经发表，从而奠定了现代天体力学的基础。天文学家利用天体力学理论计算了天王星的位置，结果发现，理论位置和实测位置总是不相符合，其差异又不能用观测误差来解释。于是出现了两种意见：一些人对天体力学理论产生了怀疑；另一种意见则认为在天王星以外还有一颗未知的行星，由于这颗行星对天王星运动的干扰使它的位置发生了变化。不过，大多数人赞成后一种意见。

1845 年，26 岁的英国天文学家亚当斯算出了这颗未知行星的轨道和质量，并于同年 9 ～ 10 月向剑桥大学天文台台长查理士和格林尼治天文台台长艾里报告了他对

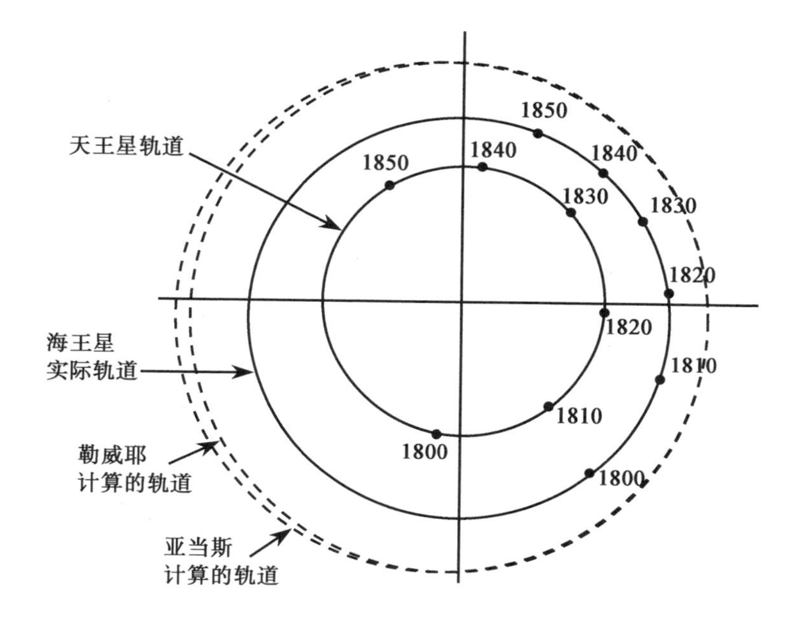

这颗行星的预报位置。可惜，两位天文界的大人物对年轻人的研究结果不予重视而搁置一边，失去了一次重大发现的良好机会。1846 年 8 月，35 岁的法国天文学家勒威耶完成了同样的研究，并于 9 月 18 日把结果寄给了柏林天文台的伽勒。伽勒在收到信后立即进行观测，很快找到了这颗未知行星，观测位置和预报位置相差不到 1°，这颗新行星后来就被命名为海王星。由于海王星的发现，英国皇家学会授予勒威耶柯普莱奖章。这时，人们才想起了亚当斯的工作，于是关于发现权的问题便引起了长期的争论。最后，天文界公认亚当斯和勒威耶是海王星的共同发现者。后来，亚当斯因为准确预报了 1866 年 11 月 12 ～ 14 日狮子座流星雨再度出现，获得了英国皇家学会的金质奖章。

海王星的发现完全是靠笔和纸算出来的，被称为笔尖下的发现。这一发现过程具有重大意义，它证实了牛顿引力理论的正确性，大大地扩大了人类对太阳系的认识，并对日后的有关研究具有重要的指导作用。恩格斯高度赞誉了海王星发现在认识论上的意义。

海王星发现后，一些人猜测在它的轨道外面可能还会有行星存在，于是试图仿效亚当斯和勒威耶的方法去推算海王星以外的未知行星。经过多年的苦苦搜索，直到 1930 年初才被美国人汤博所发现，这就是冥王星。不过，因为冥王星的实际轨道与预测结果有较为明显的差异，加上亮度也要比预测值暗得多，所以有人认为冥王星的发现不能看作是计算的功劳，而是偶然的巧合。

（赵君亮）

冥王星的风波

2000 年 8 月 2 日，英国曼彻斯特大学正在举行一场别开生面的“海外天体”讨论会，出席会议的 59 名代表正在进行一次意向性的表决，就冥王星究竟是不是大行星进行投票。出乎人们意料的是，只有 8 人赞同冥王星是大行星，而反对的人数达到 51 票，其中 14 人赞同它是一颗海地外行星，37 人认为它是颗具有双重身份的混合型天体。这个结果也出乎国际天文学联合会的意料，要知道就在一年半以前，联合会还专门做出声明，宣称冥王星仍拥有大行星资格，以平息人们对天文联合会试图把冥王星归入海外天体的不满。

七十多年来，广大学者和民众的心目中早已接受了太阳系由太阳和九大行星组成的观念，将冥王星看做是这个和谐大家庭中的一员。那么，为什么突然间有许多学者要把这颗素有“地狱之神”之称的冥王星排除出大行星的队伍呢？

从冥王星发现以来，学者就没有停止过对它的大行星身份的怀疑，原因在于冥王星与众不同的特征和乖僻行径。首先是“小”。冥王星的直径为 2 274 千米，约为地球的 18%，连半个水星都不到，甚至比包括月球在内的一些大的卫星都来得小。另一方面，冥王星的卫星卡戎倒有半个冥王星大小，这一比例是太阳系中所有的行星卫星中最大的。人们一度怀疑它曾是海王星的卫星，某种原因使它逃脱了海王星的引力束缚而绕太阳运转。二是“怪”。冥王星的轨道很扁，又远离黄道面，这通常是小行星、彗星的特征。由于很扁的轨道，有时会跑到海王星的轨道内侧，最近一次进入海王星轨道以内是在 1979 年 1 月 21 日到 1999 年 2 月 11 日，整整 20 年中它并不是最远的行星。所以，冥王星是太阳系内唯一一颗运行轨道与其他大行星轨道交叉的行星。三是彗星般的组成。冥王星的质量很小，大约只有地球的千分之二，密度只有每立方厘米 2 克左右，它极可能由岩石和水冰的混合物组成，类似彗星。因此，人们既没有把冥王星归类于类地行星，也没有归入类木行星。正是这些与众不同的特征不由令人怀疑冥王星的大行星资格。

关于冥王星身份的风波始于 20 世纪末。1992 年天文学家在离太阳 40 多天文单位的地方发现了一颗小行星 1992QB1，它的轨道近似圆形。早在 20 世纪 50 年代，天文学家柯依伯就已提出冥王星一带存在一群小行星天体，后来人们称之为柯依伯带，估计带内有数以万计的比100千米大的小行星或彗星，但一直没有得到证实。1992QB1是在海王星以外30～50天文单位的区域里找到的第一颗小行星，后来找到的小行星越来越多，至2004年7月16日已发现了799颗，最大直径超过了1 000千米。这些小天体可以分为两类：一类同1992QB1相似，轨道近似圆形，称为柯依伯带天体；另一类类似冥王星，轨道较扁并与海王星轨道交叉，这类称为海外天体。从各种性质来看，冥王星更像是海外天体，只是其他海外天体都小于冥王星，而且冥王星还拥有一个卫星。因此，在编制海外天体表时，负责行星分类的国际天文学联合会行星系科学部建议将冥王星列入该表，并将冥王星列为第一号海外天体。海外天体的发现从根本上动摇了冥王星的大行星地位，并为此引发了一场争论和危机。

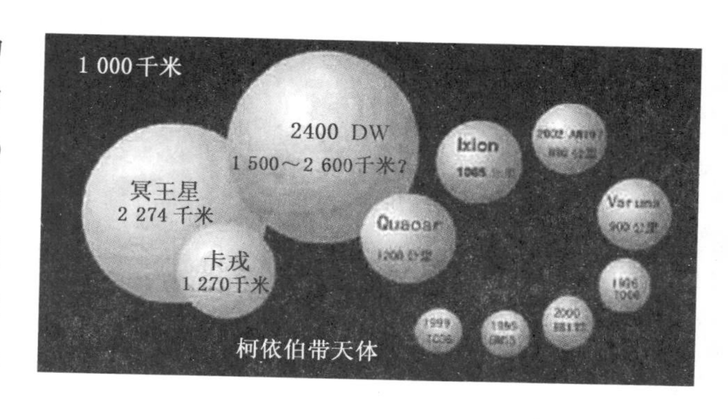

▲ 目前发现的较大的海外天体与冥王星及其卫星卡戎的比较

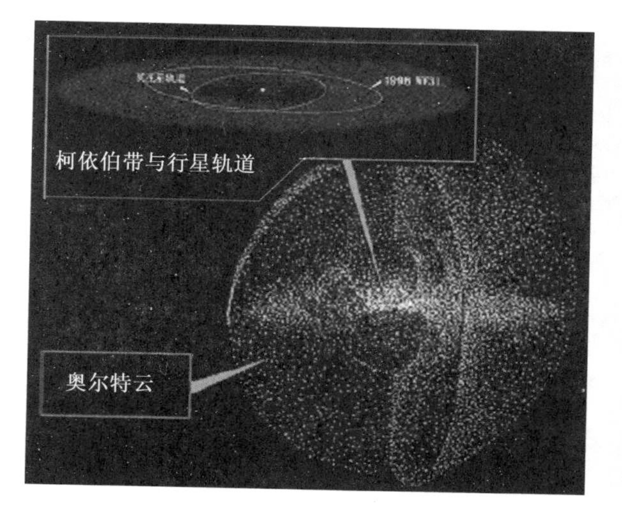

▼ 太阳系外部区域的柯依伯带与奥尔特云

1999年2月初正值冥王星穿越海王星轨道之际，媒体纷纷报道了国际天文学联合会行星系科学部的建议，宣称天文学家将要取消冥王星大行星的资格，后来又更正为将冥王星视为大行星兼海外天体的双重身份。混乱终于开始，大量的电子邮件涌向国际天文学联合会。许多天文学家和广大民众从感情上不能承受任何否决老“九”的说法。

始料不及的国际天文学联合会不得不于2月4日匆匆忙忙出来表态，发表了1999年第一号声明，表示“目前的一些报道片面理解和误解了行星系科学部讨论的主题”，并声明“没有任何一个国际天文学联合会的科学部、委员会或工作小组提出过要取消冥王星的第九大行星资格的建议”。至于把冥王星列入海外天体只是“一种技术上的处理，为了观测和计算机能方便地查找这些天体”。同时还提到了小天体命名委员会的决定：“反对赋予冥王星任何小行星的序号”。

（傅承启）

搜索第十大行星

到 1930 年，太阳系内已经发现了 9 颗行星，通常称为九大行星，这就是水星、金星、地球、火星、木星、土星、天王星、海王星和冥王星。那么，在太阳系内还会有其他行星存在吗？这是一个颇有意思的问题。

事实上，因受到海王星发现的启发，当时勒威耶就根据 19 世纪中叶观测到的水星运动的某种反常现象，设想在水星的内侧还存在一个尚未观测到的行星，这就是所谓“水内行星”。如果确实存在水内行星，那么它必定非常靠近太阳，随太阳同起同落，所以平时很难观测到。唯有在日全食时，拍摄太阳周围天空的照片，才有希望发现它。为此，人们在几十年内利用多次日全食的机会进行观测，但始终未能找到水内行星。

另一个方向就是寻找冥王星轨道以外更远的地方是

否还存在其他尚未观测到的行星，这就是所谓“冥外行星”。随着海王星和冥王星的相继发现，我们所认识的太阳系的范围不断扩大。根据引力理论，太阳系的引力范围可达4 500天文单位，而已发现的大行星的范围只及引力范围的1%。这说明存在冥外行星，甚至存在不止一颗冥外行星是有可能的。另一方面，冥王星的发现未能完全消除天王星理论计算位置与实测位置之间的差异；不仅如此，冥王星本身的运动也存在类似的问题。因此，人们自然会想到这是否意味着确有冥外行星存在呢？

一些天文学家根据对彗星运动特征的分析，比如哈雷彗星过近日点时间的周期性变化，彗星轨道分布的规律性及其与大行

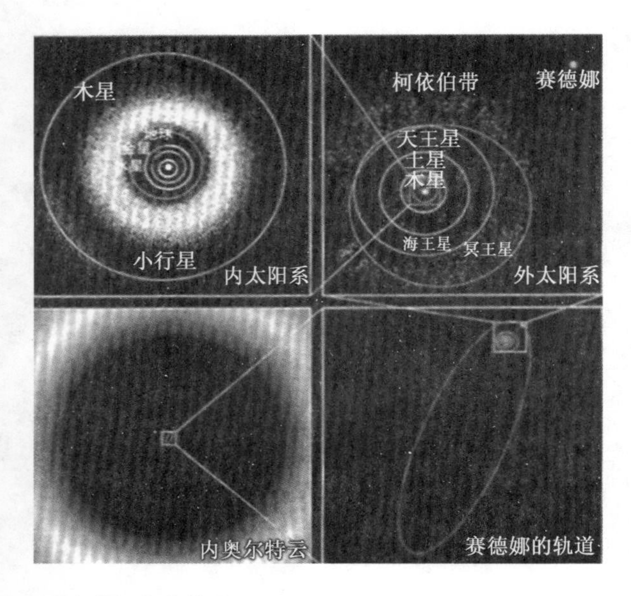

▲“赛德娜”的位置和轨道

▼ 赛德娜与地球、月球、冥王星等的比较

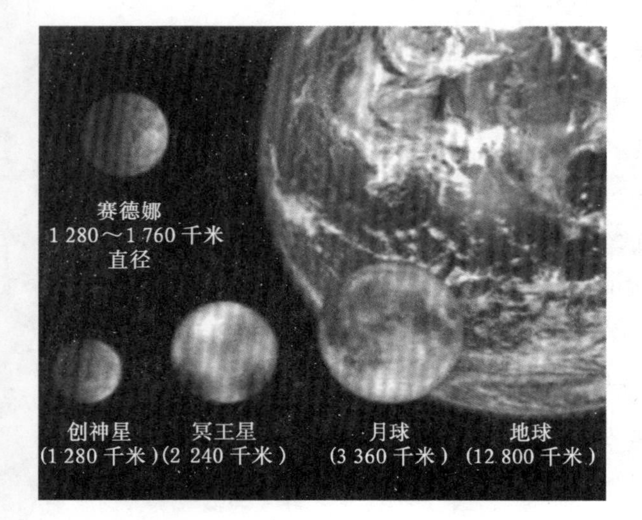

星引力作用之间的关系等，来研究冥外行星的存在。有人甚至还推算出了这颗未知行星的质量、轨道半长径、轨道偏心率、轨道面与黄道面的交角以及公转周期等运动参数。

然而，要通过观测来发现冥外行星是很困难的，因为这种天体必然非常暗，要是没有准确的预报位置，在茫茫星海中想找到它谈何容易。一种办法是沿用发现海王星的思路，从海王星或冥王星轨道运动中不能解释的部分，去推算和预言设想中的冥外行星的位置。然而计算结果表明，冥外行星的引力作用太小，无法得出明确的结论。除非在观测手段和数据处理技术进一步发展之后，能够对全部天空中暗星的位置和运动情况进行大规模普查，否则要想像发现海王星那样定点找到冥外行星是十分困难的。

2004 年 3 月 15 日，美国航空航天局宣布，他们在遥远的太阳系边缘发现了一颗类似行星的红色神秘天体，它是迄今为止人类所知的太阳系内最远的星体，也是自 1930 年找到第九颗行星——冥王星以来所发现的最大的绕太阳运转的天体。实际上，在 2003 年 11 月 14 日，美国加州的望远镜已经发现了这个天体，此后经其他天文台观测结果的证实后才正式予以宣布。

据探索项目负责人麦克·布朗教授介绍，该星体暂时命名为“赛德娜”，这是纽因特人所崇拜的海洋之神的名字。目前“赛德娜”距离地球约 130 亿千米，相当于地球到冥王星距离的 3 倍。“赛德娜”沿着一条很扁的椭圆轨道绕太阳运行，远日点位置离太阳 1 300 亿千米，公转一圈的周期是 10 500 地球年，而现在它正处于近日点位置附近，未来的 70 多年将是从地球上观测“赛德娜”最好的时机。据估计，“赛德娜”的直径约为冥王星的 3/4，即大约在 2 000 千米左右。它由岩石和冰块组成，呈红色，表面温度不会超过 −200 ℃。

那么“赛德娜”是否可以称得上是太阳系的第十颗大行星呢？对此目前的争议还比较大。有的科学家认为，既然“赛德娜”的直径已达到冥王星的 3/4，可以称得上是第十大行星。布朗本人认为它不应该算是行星，因为“个子”还不够大。

（赵君亮）

科学家的私心和土星环的发现

土星可算是太阳系中较为奇特的一颗行星，在小望远镜中看来，它的外貌犹如一顶草帽，在圆球形的星体周围有一圈很宽的“帽檐”，这就是土星的光环，又称土星环。光环的存在使得土星成为众行星中最为美丽的一颗。

关于土星环的发现有着一段颇为有趣的故事。自从伽利略在 1609 年首次用望远镜观测星空以来，新的发现经他之手接踵而至。1610 年 7 月，他把望远镜对准了土星。在这架放大倍数只有 30 倍而又不完善的望远镜中，伽利略看到在土星的两旁有某种奇怪的附属物，实际上他所观测到的便是土星两侧的光环部分。但是，当时伽利略并没有意识到这一点。鉴于在这之前他已经发现了木星的 4 颗大卫星，于是便相信土星两侧也有 2 颗卫星之类的小天体。然而，由于情况不如木星卫星那样确切，伽利略没有直接宣布他的这一发现。

任何一位科学家在感觉到将要做出一项重要发现之时，往往会为两种互相矛盾的感情所支配，一方面怕别人走在自己的前面而想尽快地发表它，另一方面又担心会犯大错误而不想轻率地过早加以发表。在伽利略时代，学者们往往为此采用一种称为“字母颠倒法”的密码记录方式来简要地记载自己的发现，这种记录除了发现者本人外几乎谁也无法加以破译。当发现者过了一段时间后进一步确证了这项发现，这时他便把自己早已写好的那份“天书”译出来，从而保留对该项发现的优先权。

伽利略对他的土星观测结果便采用了这种方法。他当时所做的记录是由 39 个拉丁字母混乱排列的一长串符号，其真实含义是“观测到一颗最高的三重行星”。这里“最高的”即指土星，因为土星是当时所知离太阳最远的行星。1659 年，荷兰科学家惠更斯证实伽利略观测到的是一个离开土星本体的光环。他开始时也像伽利略一样用了字母颠倒的密码记录法，不过形式稍有不同，符号串中包含了 62 个拉丁字母。三年后当他确信自己结论正确时才宣布这组符号串的意义是“土星周围有一个又薄又平的光环，它的任何部分都与土星不相接触，光环平面与黄道面斜交”。

长期以来土星环一直被认为是一个或若干个扁平的固体物质盘。1856 年，英国物理学家麦克斯韦从理论上证明这种环必然是由围绕土星旋转的一大群小卫星组成的物质系统，而不可能是整块固态物质盘。40 年后，实测证明土星环不同部分的旋转速度随到土星中心距离的增大而减小，要是刚体转动的话情况应该恰好相反，这一点无可辩驳地证实了，环是无数个各自沿独立轨道绕土星旋转的大小不等的物质块，从而最终阐明了土星环的本质。事实上当远方恒星在环后经过时星光并没有多大的减弱，这也说明它不是一整块东西，而是一些稀疏分布又很小的分离物质块。现已知道组成环的小“卫星”大都是一些直径 4 ～ 30 厘米的冰块，环的总质量约为土星质量的百万分之一。环极冷，温度低达 -200 ℃。

▲ 土星和它的光环

目前，根据地面和空间观测结果得知，土星环系的主体含有 A、B、C、D、E、F 和 G 七个环，以及环与环之间称为环缝的一些暗区。环编号的次序是根据发现时间的先后，而不是按它们离土星本体的远近来确定的；环缝则通常以发现者的名字命名，它们是一些质点密度相对很小的区域。最里面的是 D 环，内侧几乎触及土星的表面，宽度约为 12 000 千米，与 C 环内缘隔开一个 1 200 千米宽的盖林缝。C 环很暗，宽约 25 000 千米，可以并排放上两个地球。再往外就是 A 环，亮度仅次于 B 环，宽约 15 500 千米。A、B 两环间是宽度为 5 000 千米的卡西尼环缝，由著名天文学家卡西尼于1675年发现。卡西尼环缝是永久性的环缝。另一条永久性环缝为A环中的恩克环缝，系天文学家恩克所发现，宽度只有876千米。其他环缝都不太完整，而且是一些暂时性的环缝。A环向外依次为F、G和E环，其中F环很窄，宽度仅为30千米，它与A环之间宽约3 600千米的空缺区取名为“先锋缝”。F环和G环都是空间探测器发现的。E环的情况比较复杂，物质分布呈现某种结构，宽度超过8万千米，一直绵延到离土星表面20万千米以远的地方。

土星环的总宽度超过20万千米，然而最大厚度却不超过150米，相比之下真可谓“其薄如纸”！由于土星环所在的平面与观测者视线方向间的交角是在变化的，所以有时候看到的环很宽、很漂亮，但有时候环变得很窄，而当土星环以侧面对着我们时差不多会消失殆尽，这种现象还曾经使伽利略对自己的发现产生怀疑呢！

关于土星环的起源迄今还没有定论，一种最流行的观点认为，土星原本并没有环，只是当它的一颗卫星因某种原因运动到离土星太近时，在土星潮汐力的作用下瓦解，经长时间的演化后形成了今天我们所看到的美丽光环。

（赵君亮）

太阳系内形态各异的行星环

由于相对运动的关系，远方的恒星有时会移动到太阳系天体如月球、行星或小行星的正后方，这种现象称为掩星，如月掩星、木星掩星、小行星掩星等。各类掩星的发生时刻，包括掩星开始（掩始）和结束（掩终），都可以通过理论计算做出非常准确的预报，就像预报日食和月食过程一样。

1977 年 3 月 10 日曾发生过一次天王星掩星的罕见天象，被掩的是一颗暗星，中国、美国、澳大利亚等国的天文学家都对此进行了观测。意想不到的奇怪事情发生了：小星在预报的被掩时刻前 35 分钟出现了“闪烁”，也就是星光减弱又迅即复亮，这种闪烁一连出现了好几次。当恒星从天王星背后复现，或者说掩星过程结束后，闪烁现象又重复出现。显然，这不可能用天王星存在大

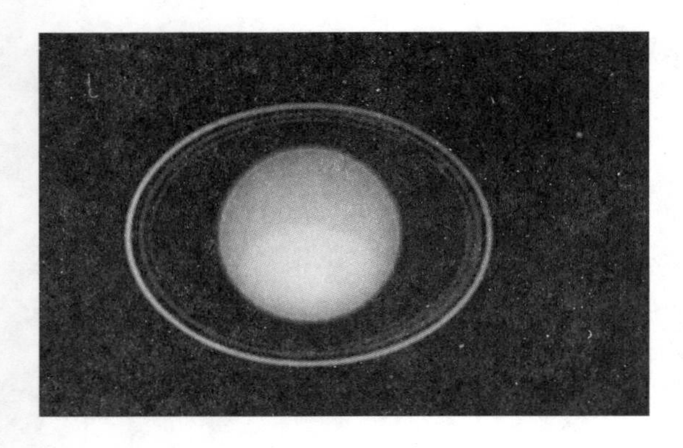

▲ 天王星环的照片

▲ 海王星环

气层来加以解释。经过仔细计算和研究后，结论是因为天王星环的存在才引起了这种闪烁现象，而且环应该不止一个！这是继 1930 年发现冥王星后，20 世纪太阳系内的又一重大发现。由于天王星环非常暗弱，在这之前即使用大望远镜也从未观测到过。1978 年，美国天文学家用 5 米口径的望远镜才在波长 2.2 微米的红外波段首次拍摄到天王星环的照片。

现在知道，天王星环系至少由 9 个环组成，而这些环的结构和成分与土星环大不一样。天王星环都很窄，除了最外边的 ε 环宽度可达 100 千米，以及 η 环的宽度约为 60 千米外，其余环的宽度都大约只有 10 千米。一方面环很窄，另一方面环和环之间则是广阔的空间，而不是像土星环那样是宽环间存在窄的环缝。天王星环的反光本领很差，看起来就很暗，因此其环粒的组成成分很可能也与土星环不同，但环粒的大小并不清楚。

随着行星际空间探测器的发射，不断揭示出太阳系天体中许多前所未知的事实，木星环的发现就是其中的一例。1977年9月5日美国发射的“旅行者1”号经过一年半的长途跋涉，在穿过木星赤道面时，在距离木星120万千米的地方拍摄到了亮度十分暗弱的木星环的照片。有关研究表明，木星环主要由亮环、暗环和晕三部分组成，环的厚度不超过39千米。亮环离木星中心约13万千米，宽6 000千米。暗环位于亮环的内侧，宽可达5万千米，内边缘几乎与木星大气层相接。晕的延伸范围可达环面上下各1万千米，外边界比亮环略远。据推算，组成环的粒子的大小只有2微米，真是名副其实的微粒。

美国杂志《空间与望远镜》1978年4月号曾经报道，1846年10月10日就有人在60厘米反射望远镜中用肉眼看到过海王星环，并在次年为剑桥大学天文台台长查里斯所证实，后者甚至得出环半径为天王星半径1.5倍的结论。但是，在后来寻找海王星卫星的多次观测中均未发现环，这件事就渐渐被人淡忘了。在发现天王星环的鼓励下，不少人试图通过海王星掩星事件来发现环，但对几次掩星观测结果的解释却众说纷纭：有人报道发现了环，有人则说不存在环，对报道发现有环的结果也有人认为可以用其他原因来解释而否定环的存在。1989年当“旅行者2”号探测器到达海王星时这一谜团终于有了答案，近距离探测的结果表明，海王星确实也有环，而且至少有3～5条完整或比较完整的环，其中2条环相对比较亮一些，但总的来说这些环都是很暗的，不容易观测到。因此，有关海王星环的具体情况仍然很不清楚。

更有趣的是，有人甚至认为历史上地球也曾经有过一个由微粒构成的环，并用此来解释大约 3 400 万年前地球上冬季温度曾一度降低了 20 ℃，而夏季温度却无变化的化石植物学资料。这个假设中的地球环存在了 100 ～ 200 万年后，因高层大气的阻尼作用、微陨星的冲击以及太阳风轰击而逐渐消失，故今天也就不存在了。当然，这仅仅是一家之言，是否确有其事目前尚未得到确认。

（赵君亮）

太阳系中的卫星世界

1610年，伽利略把望远镜对准木星，意外地发现在这颗行星周围有4颗卫星在围绕它转动。从此，人们知道，并不仅仅是地球才有自己的卫星——月亮，其他的行星也有它们自己的卫星。

截至2004年8月，人们已经知道的太阳系九大行星周围的卫星，一共有140颗。其中，水星和金星没有卫星，地球有1颗，火星有2颗，木星有63颗，土星有33颗，天王星有27颗，海王星有13颗，冥王星有1颗。由于在木星、土星、天王星和海王星这4颗大行星周围不时还可能会发现新的卫星，上述数字也许会继续增加。

根据卫星的特性和起源，可以把它们分为两类。一类是规则卫星，它们体积较大，基本上是圆球形，围绕行星公转的轨道接近圆形，轨道的平面与它们所围绕的行星的赤道平面夹角很小，公转的方向与所围绕的行星的自转方向一致。地球的卫星月亮就属于这一类。另一类是不规则卫星，它们的形状不规则，体积都很小，围绕行星的公转轨道一般都是较扁的椭圆，轨道的平面与它们所围绕的行星的赤道平面夹角一般较大，公转的方向也可能与所围绕的行星的自转方向不一致。它们可能是被大行星俘获的小行星或彗星，有的不规则卫星离开所围绕的行星很近，可能是原始卫星被碰撞出的碎块。

火星的 2 颗卫星是 1877 年由美国天文学家霍尔发现的，都属于不规则卫星，其中火卫一的大小为 27 千米 ×22 千米 ×18 千米，火卫二的大小为 15 千米 × 12 千米 ×10 千米。它们离开火星中心的平均距离分别为火星半径的 2.8 倍和 6.9 倍。

伽利略发现的 4 颗木星卫星，是所有木星卫星中最大的 4 颗，直径均超过 3 000 千米，它们统称为“伽利略卫星”。其中，木卫一有强烈的火山活动，直径大于 20 千米的火山口有数百个。这种火山活动的能源来自木星强大的潮汐作用。木卫二表面覆盖着一层厚约 100 千米的冰幔，冰幔的下面可能有液态水海洋，其保持液态水不冻结的能源也是木星潮汐的作用。木卫三是太阳系中体积最大的卫星，直径为 5 268 千米，

▼ 火卫一

大约是月亮直径的1.5倍。木卫三上的水和冰比木卫二更多，是一颗被冰层包裹起来的“水卫星”，但中心有一个固态的岩石核心。木卫四的情况与木卫二、木卫三大致相同。木星的其他卫星都要小得多，最大的木卫五直径也不到300千米。

▲ 太阳系一些大卫星大小比较

最早发现土星有卫星的是荷兰科学家惠更斯，他在1655年发现了土卫六。法国天文学家卡西尼在1671年到1684年间又发现了土卫八、土卫五、土卫三和土卫四。这几颗卫星，直径都超过1 000千米。其余的土星卫星直径均小得多。土星的卫星中，土卫六是最受天文学家关注的，它是太阳系中唯一具有浓厚大气层的卫星。1980年，“旅行者1”号无人太空飞船飞临土星，发现土卫六的大气层至少厚达400千米。土卫六的大气层主要成分是氮，令人感兴趣的是其中有多种有机物，以致让人们对在这颗卫星上是否具有原始形态的生命寄予厚望。

天王星最大的两颗卫星天卫三和天卫四，是由英国天文学家赫歇耳在他本人发现天王星之后6年于1787年发现的，其中天卫三是天王星最大的卫星，直径1 578千米。除了这两颗卫星以外，还有天卫一、天卫二和天卫五，它们的直径都超过或接近500千米，其余的天王星卫星直径均不超过200千米。

海王星的卫星中，海卫一最大，直径为2 705千米，其余的直径都不超过500千米。海卫一有一层稀薄的大气，主要成分是氮，还有微量的甲烷。

特别提到的是，木星等4颗大行星的很多卫星，尤其是新发现的那些卫星，直径只有几十千米，甚至几千米。它们都是不规则卫星。

冥王星的卫星冥卫一发现于1978年，直径为1 186千米，几乎是冥王星直径的一半。冥卫一还有一个特别之处，它围绕冥王星的公转速度与冥王星的自转速度相同，也就是说这颗卫星处在冥王星的同步轨道上。这是太阳系中唯一的一颗天然同步卫星。

现已发现，不但大行星可以具有卫星，而且某些小行星也具有卫星，不过这些卫星都非常小。

（王家骥）

寻找“丢失”的行星

18 世纪下半叶，天文学家已经掌握了当时知道的 6 颗行星的运动规律，它们就是水星、金星、地球、火星、木星和土星。如果以地球到太阳的平均距离为单位来量度的话，这些行星离开太阳的平均距离依次为 0.39，0.72，1.00，1.52，5.20，9.54。虽然这一串数字看上去没有什么规律，但却引起了德国科学家提丢斯的注意。1766 年，他在经过一番煞费苦心的探索之后发现，如果从 3 开始写出一串数，每一个比前一个大一倍，最前面再添一个 0；然后把包括 0 在内的每一个数都加上 4，最后把全部数字除以 10。结果，提丢斯这串数便成为 0.4，0.7，1.0，1.6，2.8，5.2，10.0，19.6……，这就是所谓“提丢斯数组”。

现在我们一一对应地写出行星的距离和提丢斯数组：

0.39	0.72	1.00	1.52	（？）	5.20	9.54	（19.2）
0.4	0.7	1.0	1.6	2.8	5.2	10.0	19.6…

提丢斯注意到在他的数组中，除了 2.8 和 10.0 以后的数字外，其他数字居然和行星到太阳的距离一一对应，而且吻合得相当好。提丢斯注意到了 2.8 位置上的空缺。德国天文学家波德在 1772 年公布了提丢斯的发现，并声称太阳系在这个空缺上应该存在一颗尚未发现的行星。1781 年英国天文学家赫歇尔发现了天王星，它到太阳的平均距离为 19.2 天文单位，与提丢斯数组中的 19.6 十分接近，于是大大增强了人们对提丢斯神秘数组的注意力。

▼ 提丢斯

▼ 奥伯斯

科学上的发现有时会带有偶然性。1801 年元旦，意大利天文学家皮亚齐因编制星表的需要，观测到在众恒星中缓慢移动的一颗 7 等小星。尽管他跟踪观测了 6 个星期，但未能算出小星的轨道，又加上生病观测中断，结果就丢失了。皮亚齐四处写信以求帮助。是年 11 月，数学家高斯算出了这颗星的轨道，预报了它的位置，并认定这是位于火星和木星轨道之间绕太阳运动的一颗行星。翌年元旦，人们终于据此重新找到了这颗行星，发现者皮亚齐把它命名为谷神星。有趣的是谷神星到太阳的平均距离为 2.77，恰好填补了提丢斯数组中 2.8 这个空缺，从而为这个数组又抹上了一笔神秘的色彩。可惜，谷神星“个子”太小，直径还不到 1 000 千米，不能与其他行星为伍，于是便称为“小行星”。提丢斯数组究竟说明了什么问题，迄今无人能给出公认的答案。

▲ 最大的4颗小行星与月亮大小的比较（从左至右依次为谷神星、智神星、灶神星、婚神星）

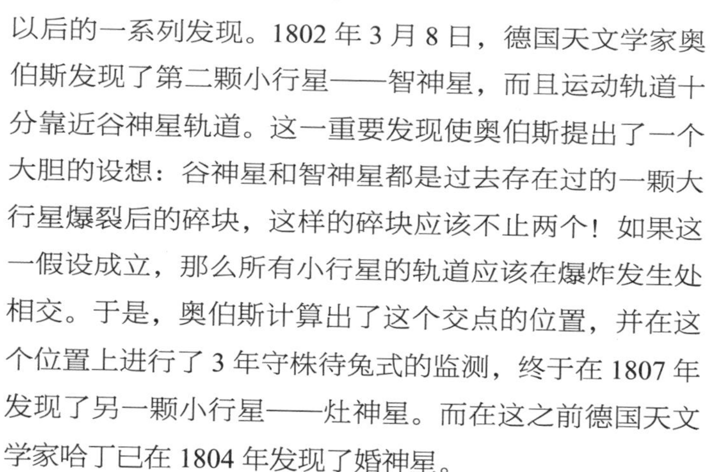

谷神星太小了，不能令人满意，也许这一点促使了以后的一系列发现。1802年3月8日，德国天文学家奥伯斯发现了第二颗小行星——智神星，而且运动轨道十分靠近谷神星轨道。这一重要发现使奥伯斯提出了一个大胆的设想：谷神星和智神星都是过去存在过的一颗大行星爆裂后的碎块，这样的碎块应该不止两个！如果这一假设成立，那么所有小行星的轨道应该在爆炸发生处相交。于是，奥伯斯计算出了这个交点的位置，并在这个位置上进行了3年守株待兔式的监测，终于在1807年发现了另一颗小行星——灶神星。而在这之前德国天文学家哈丁已在1804年发现了婚神星。

如果说头四个小行星的发现只花了不到7年时间，那么下一个伙伴的出现却颇为不易。直到1845年，退职邮政官亨克经过15年的苦苦搜索才找到了第五颗小行星。过了两年又发现一颗，此后小行星被发现的速度越来越快，数目很快增加。19世纪末，照相术问世并用于天文观测后，大大加快了小行星的发现速度。1890年，人们已认定了287颗小行星的运动轨道。到1975年正式编号的小行星有1 966颗，1991年这一数字猛增到5 000颗左右。目前，正式编号的小行星数已达7万颗左右，而通过照相方法记录到的暗弱小行星估计可能多达几十万颗。

顾名思义，小行星就是比较小的行星。事实上只有少数小行星的直径超过 100 千米，其中最大的是一号谷神星，直径 1 000 千米，绝大部分小行星的直径小于 1 千米，而且形状很不规则，完全谈不上球形。它们实际上只是在太阳系空间游弋的一些小碎块。据估计，全部小行星的总质量约为 2.1×10^{18} 吨，还不到月球质量的三十分之一。大部分小行星在火星和木星轨道之间运动，形成小行星带。少量小行星的轨道位于木星轨道之外，有一些小行星在最靠近太阳时会伸入地球轨道，甚至进入金星或水星轨道之内。

一个十分有趣的现象是，小行星尽管很小，但居然也会带有自己的卫星。例如，532 号大力神小行星直径为 243 千米，它有一颗直径为 45.6 千米的卫星，两者相距 977 千米，这是天文学家麦克马洪于 1978 年 6 月 7 日发现的。此后，有关发现小行星有卫星的消息时有报道。由于要证实小行星卫星的存在相当困难，因此对已有的一些发现目前也还存在争议。

（赵君亮）

小行星的起源

19 世纪初，德国不来梅有一位医生，叫奥伯斯。他很喜欢天文，经常用望远镜观测星空，第二颗小行星智神星就是他发现的。后来，他又发现了第四颗小行星灶神星。奥伯斯还非常喜欢思考问题，他曾对彗星尾巴的形成原因提出过自己卓越的见解，在宇宙学中有名的“奥伯斯佯谬”也是他提出的。年轻而崭露头角的贝塞尔进入天文学界工作曾得力于他，贝塞尔后来成了很有名的天文学家。奥伯斯发现智神星的时候已经 40 多岁，他活到了 83 岁，他把后半生都献给了天文学。

1804 年，第三颗小行星婚神星被发现。3 颗行星具有很接近的轨道，这在当时很让人惊诧，大家都不明白是怎么一回事。奥伯斯注意到这 3 颗小行星都相会于室女座，于是做了一个假设，认为这些小行星是一颗大行星从前遇到灾祸所留下来的碎片。

▲ 最大直径超过 200 千米的 33 颗小行星与火星大小比较

这是最早的小行星起源学说。随着更多的小行星被发现，这种学说似乎得到了证明，并发展成了比较完整的“爆炸说”。爆炸说认为，在火星和木星轨道之间，原来有一颗如火星或地球那么大的行星，后来由于某种原因发生了爆炸，大大小小的碎片残留下来，成了现在观测到的小行星。

按照爆炸说，所有小行星的轨道应该相交于原来的爆炸处，可是实际情况并非如此。也许可以认为，有些小行星后来受到其他大行星引力的影响改变了最初的轨道，然而许多小行星的轨道相差很大，所以这种解释难以令人信服。

还有一个让人困惑的问题。依据包括最大的那些小行星在内的 1 500 多颗小行星估计，生成它们的那颗前身行星总质量不到地球质量的 1/800。当然大量更小的小行星没有包括在内，可是这些小行星的质量越来越小，数量再多，加在一起也不会显著地增大上述对前身行星总质量的估计。更形象一点说，如果能够把所有的小行星都捏在一起，合成一个大球，这个大球的直径可能不会超过 1 000 千米。这使得人们对爆炸说产生怀疑。也许，爆炸为后来众多的小行星的那颗前身行星本来就很小，比火星、水星甚至月亮还小，或者那颗前身行星爆炸后大部分质量已经散布到太空中无从查考。然而，更可能的是，事情本来就并不像爆炸说所说的那样。爆炸说并不能说明小行星轨道的分布特征，而且根本就找不到任何有效的爆炸机制。因此，尽管在 20 世纪中叶以前很多人都用爆炸说来解释小行星的起源，可是这种学说最终还是无从立足生根。

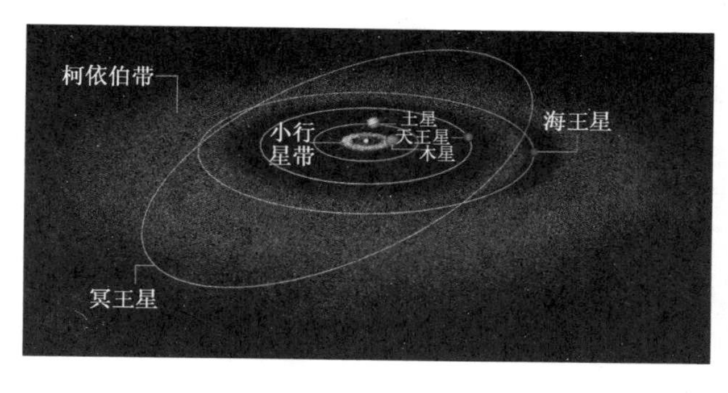

▲ 太阳系中的小行星带

柯依伯是美籍荷兰天文学家，1960 年起主持美国亚利桑那大学月球和行星实验室。他研究了小行星数目与大小的关系，发现这一关系与由于碰撞而产生的碎片数量的分布规律相符合。据此，他认为在火星与木星轨道之间原有十几个或者几十个直径几百千米的小天体，它们不断地发生频繁的碰撞，于是使得小行星数量越来越多。

然而，柯依伯没有说明原有的那十几个或者几十个直径几百米的小天体是怎样来的。因此，他的学说最多只能说明小行星的演化，并没有解决它们的起源问题。20 世纪 70 年代，瑞典科学家阿尔文等提出了“半成品说”，认为在太阳系形成初期，在火星与木星轨道之间的原始弥漫物质由于某种原因未能凝聚成大行星，而只形成了众多的小行星，遗留至今。我国天文学家戴文赛在1979年通过定量计算，把“半成品说”的论点大大丰富和推进了一步，尤其是阐明了未能凝聚成大行星的原因。戴文赛所做的计算表明，由于太阳系原始星云盘内温度、压力与离原始太阳距离之间的关系，使得盘内的物质分布在现今的小行星区域内出现了不连续的间断性，以致在形成行星的过程开始之前，那儿的可吸积物质比较稀少，而邻近的正在形成中的木星体积特别巨大，它的引力又把现在小行星带中的绝大部分可吸积物质夺走了。这样，这个区域中的物质始终未能聚集成一颗大行星。

小行星起源的半成品说，把小行星的起源和太阳系的形成紧密地联系了起来。当然，小行星的起源是一个很复杂的问题，半成品说未必就把所有的问题都解决了，可是它的基本思想现在已经得到普遍的认同。

（王家骥）

哈雷与哈雷彗星

古代人由于缺乏科学常识，对于彗星为什么会偶尔出现，形状又如此与众不同，可谓是一无所知。1577 年出现了一颗大彗星，丹麦天文学家第谷试图通过观测来确定彗星到地球的距离，这可算是对彗星进行科学研究的开始。尽管第谷并没有测出彗星的距离，但他已正确地认识到彗星是在空间中运动的，距离比月球至少要远 6 倍，因而彗星应该是天体而不是大气现象。

1680 年有一颗彗星出现，是时牛顿已经建立了万有引力定律。他根据当时的观测资料，正确地算出了这颗彗星绕太阳运动的轨道。1682 年又出现了一颗彗星，英国天文学家哈雷与牛顿合作进行彗星轨道计算。在这之前，人们还没有完整地掌握计算彗星轨道的知识。哈雷曾任格林尼治天文台第二任台长，是第一个全力从事彗

▲ 哈雷

星轨道计算的天文学家，在彗星研究方面付出了巨大的努力。他不但计算了1682年彗星的轨道，而且还根据史书中记载的观测资料，计算了从1337年到1698年间所观测到的24颗彗星的轨道，并把它们的轨道进行比较。哈雷经过仔细比照后发现，1682年彗星的轨道，与1531年和1607年出现的彗星的轨道非常相似，于是他大胆地推断这三次彗星的出现，是同一颗彗星的三次回归，这颗彗星应该每隔75～76年回归一次，由此他预言彗星将在1758年底或1759年初再度出现。可惜哈雷未能等到1758年就与世长辞了。不出哈雷的预料，这颗彗星果然在1758年12月25日圣诞之夜如期而至，一位业余天文学家发现了它，在哈雷逝世16年后证实了他的预言。为了纪念这位伟大的天文学家的功绩，这颗彗星便被命名为哈雷彗星。哈雷彗星周期性回归的确认，进一步证明了彗星是太阳系内的天体，它与行星一样绕太阳公转，并且可以根据万有引力定律准确预报它出现的日期、亮度和位置。当1835年哈雷彗星再度回归时，人们以好奇心而不是恐惧心理观看了这颗大彗星，没有人再相信古代的迷信传说了。

由于哈雷彗星是第一颗被天文学家正确预报其回归时间的周期彗星，在迄今为止所观测到的彗星中名声最大。再一方面，哈雷彗星又是周期彗星中唯一的一颗年轻彗星。虽然它已经回归太阳附近有好几十次，但仍然处于非常活跃的状态，每次回归都会显示出多变的形态，可谓是彗星中的佼佼者，这也是哈雷彗星名声大振的另一个原因。

▲ 哈雷彗星

哈雷在他的研究中，从中国古代的记录中得到不少启示。从春秋战国到清末的两千多年间，这颗彗星的每次出现在中国史书中多有记载。《春秋》中记载，鲁文公十四年（公元前 613 年）“秋七月有星孛入于北斗”，可算是世界上最早关于哈雷彗星的确切记载；从公元前 240 年起，哈雷彗星的每次出现中国的文献都有记载，次数之多、记录之详是其他国家所没有的。1985 年发现的巴比伦泥板文书上记录了公元前 164 年对哈雷彗星的观测，而在欧洲最早的记载是公元 66 年。

值得一提的是 1910 年 5 月的哈雷彗星回归。天文学家预测，5 月 19 日彗星将位于地球和太阳之间，距地球 2 400 万千米，届时彗星巨大的尾巴将扫过地球。这一消息很快传遍了欧洲，令当时人们感到惊慌不安。有人猜想，彗星中的大量有毒气体将会渗入地球大气而置人于死地，更有人认为地球会被哈雷彗星的尾巴打翻，世界末日即将来临。然而，人们竟然平平安安地度过了那个可怕的 5 月 19 日，什么事都没有发生，甚至一点异样的迹象都未能察觉到，对地球上的所有生物没有造成任何的影响。不过这么一番折腾后，哈雷彗星的大名变得几乎家喻户晓。在这次哈雷彗星回归时，照相术已经用于天文观测，包括中国佘山天文台在内的许多天文研究机构都拍下了这颗大名鼎鼎的彗星的照片。

最令人遗憾的是 1986 年的那次回归：彗星在远离地球的地方度过了它最光辉的时刻，而当 4 月 10 日离地球最近时却已经很暗了，令业余天文爱好者们大失所望。不过专业观测并没有因此而有所懈怠，天文学家不仅动用了地面上所有最新的观测设备，并且首次发射了专用的“乔托”号等空间探测器对哈雷彗星进行近距离观测，取得不少重要的研究成果。下一次哈雷彗星回归将在 2061 年。届时，人类的科学技术发展必将大大超过目前的水平。尽管我们对此很难做出令人信服的估计，也许宇航员和科学家们将会搭乘宇宙飞船对哈雷彗星作近距离的实地考察，今天十几、二十几岁的年轻人无疑会看到这一天。

（赵君亮）

彗木相撞及其思考

1994 年 7 月 16 日起，已经分裂成 21 个碎块的 SL9 彗星，以大约每秒 60 千米的速度和 45° 的入射角，一个接着一个撞向木星，演出了太阳系历史上极为壮丽的一幕。这是天文学史上第一次准确预测到的太阳系天体的大规模撞击事件。在撞击发生的前后一段时间内，世界上几乎所有的望远镜，包括地面望远镜和空间望远镜，都对准了木星，在不同的波段上观测了撞击发生的全过程，并取得了前所未有的大量宝贵的资料和图像。

▼ 彗木相撞示意图

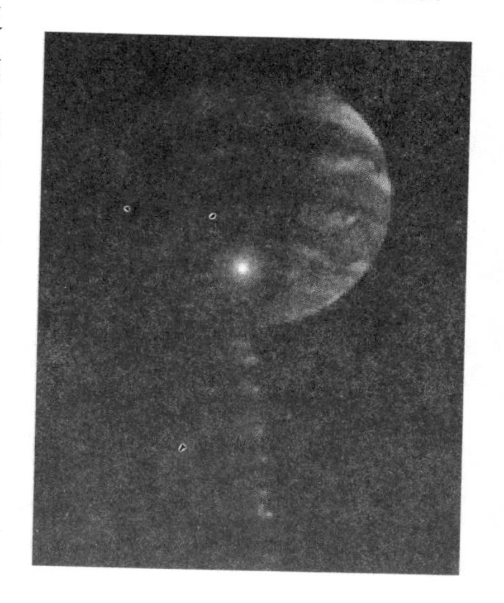

SL9 是彗星观测专家苏梅克夫妇和利维共同发现的第 9 颗彗星，按照惯例被

分裂后的 SL9 彗星 ►

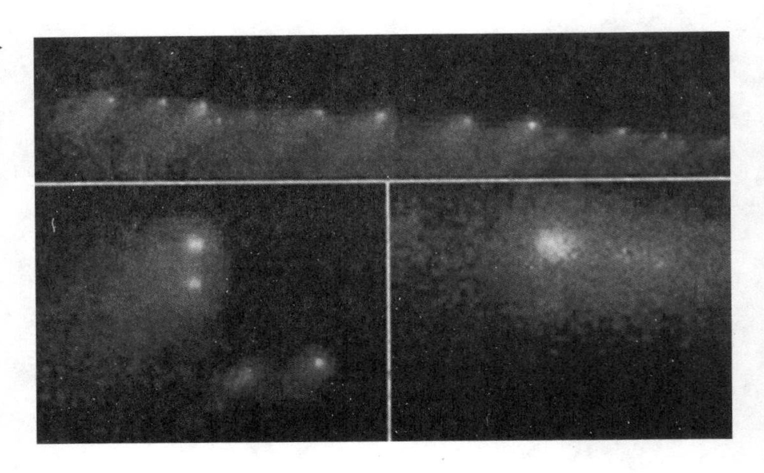

命名为苏梅克-利维 9 号彗星（SL9）。这颗轰动全世界的彗星发现于 1993 年 3 月 24 日傍晚，其奇特之处在于发现时彗核已经分裂成至少 21 个小块，称为亚核，而且所有的亚核均位于一条直线上。研究表明，分裂事件发生在 1992 年 7 月 8 日彗星与木星近距离交会之际：木星的强大引力把结构不太紧密的 SL9 彗核撕成碎片，而这些碎片在以后的运动过程中彼此间相距越来越远，伸展成直线状，成了众多彗星中的一大奇观。天文学家对彗星的轨道运动做了研究和预报，并惊讶地发现它将于次年 7 月中旬撞击木星。尽管从发现到撞击的一年多时间内 SL9 各个亚核的状态出现了许多变化，但撞击还是如期发生了，整个天文界都为之兴奋不已，并引起了广大公众和媒体的极大兴趣。

昙花一现的 SL9 彗星已经永远消失了，然而科学家们却在认真思考一个问题：这样的事情会不会发生在地球上？对此我们应该怎么办？有人估计，彗木相撞所释放的能量相当于5 000亿吨TNT炸药爆炸的威力，如果类似事件发生在地球上，后果将不堪设想。虽然这种可能性非常非常小，但还是存在的。许多直接和间接的证据表明，在太阳系形成以来的漫长时期中，包括地球在内的太阳系天体确实受到彗星、小行星、流星体等小天体的撞击，而彗木相撞的事实表明这类撞击事件目前仍在发生。

▲ 通古斯事件现场

▲ 月球上的环形山

1908年6月30日，俄罗斯时间上午7时17分，一颗直径不到100米的“迷你”型小行星，以每秒30千米的速度撞入俄罗斯西伯利亚通古斯地区上空，在距地面6千米处爆炸。这一撞击犹如一次强烈地震，将2 000平方千米内的森林尽数推倒。这就是著名的通古斯事件，爆炸所释放的能量相当于广岛原子弹威力的1 000倍以上。

从1609年伽利略用望远镜观测天象以来，人们早已知道月球上布满了大大小小的环形山，直径大于1千米的环形山总数达33 000多个，最大的直径约为200千米，

水星表面的小天体撞击坑 ►

它们绝大多数都是小天体撞击月球表面的结果，环形山也就是撞击坑群。由于月球没有地球表面的大气层起到屏障作用，再小的流星体也能保持原有的速度和质量长驱直入击中月球表面而生成撞击坑。同时，月球上没有流水，也就没有地球上的风化侵蚀作用，几十亿年前生成的撞击坑也能完好地保存下来，这就是月球表面布满环形山的原因。

随着行星和行星际探测器的发射，已经发现不仅在水星、金星、火星这些类地行星上，而且在许多大行星的卫星上，甚至在小行星上都有着许多因小天体撞击而生成的大小不等的坑穴。

纵观上述事实，太阳系内小天体对行星和其他天体的撞击是一种相当普遍的现象。今天，人们不仅已清楚地认识到地球会遭受小天体撞击，由此会造成全球性灾变的可能性，并且正在严肃认真地考虑自己的对策。在这个问题上，首先必须探测到有可能撞击地球的小天体，并对它们的轨道运动做出准确的预报。一旦确证有一颗小行星在未来某个时间会撞击地球，人类完全有能力尽早发射一艘空间飞船去拦截这名“杀手”，也许可以在它附近引爆一颗威力巨大的氢弹，或者通过别的途径使这颗小行星哪怕只是稍微改变一下运动路径，对人类的威胁也就可以解除了。所以，尽管天体撞击灾变的后果极为严重，但我们大可不必因此而作杞人之忧，现代科学技术完全有能力使我们不致重蹈恐龙灭绝的厄运。

（赵君亮）

知识链接

彗星撞击木星

苏梅克–列维9号彗星的第一块含有岩石和冰块碎片于格林尼治时间1993年7月16日20时15分以每小时21万千米的速度落入木星大气层，释放出相当于2 000亿吨TNT炸药的能量。撞击后产生的多个火球绵延近1 000千米，发出强光。人们通过天文望远镜，看到木星表面升腾起宽阔的尘云，高温气体直冲至1 000千米的高度，并在木星上留下了如地球大小的撞击痕迹。科学家们测定在彗木相撞前的一段时间内，木星发出的强电磁波比平时强 9 倍，撞击时溅落点温度瞬间上升到上万摄氏度。

木星是太阳系 9 大行星中位居中间而且又是最大的一个星球。它的半径为 71 300 千米，比地球大 11 倍；体积是地球的 1 316 倍，重量是地球的 318 倍，相当于其他 8 大行星总质量的 2.5 倍。但木星的密度仅为地球的 1/4，这说明木星表面有深而广的海洋，海洋上方有一个厚度达 1 000 千米的密集的大气层。它的大气层中将近 89% 是氢分子，11% 是氦，另外有少量的氨、甲烷、水、乙烷、乙炔、一氧化碳、氰化氢及其他一些复合物。木星大气层的上面飘浮着由氨结晶体形成的云层，这个云层的下面可能还有诸如氢氧化氨、水和冰等复合物构成的云层。彗星碎块对木星的连续撞击引起强烈爆炸，产生巨大闪光现象，把木星的卫星照得非常亮。木星表面形成了巨大的蘑菇云，在木星大气层中引起大风暴并且持续很长时间。撞击使许多物质从木星上溅出，形成一个由气体和尘埃构成的物质环。

彗星的结构和起源

彗星一般由彗头和彗尾两部分组成，其中彗头又包括彗核和彗发；有些彗星在彗发外面还有氢原子云，称为“彗云”或“氢云”，而有的彗星在彗头中连彗发也没有，只有彗核。彗核的直径很小，只有几百米到上百千米，但集中了彗星的绝大部分质量，平均密度约为每立方厘米 1 克，但不同的彗星这个数字可以相差很大。大彗星的质量为 $10^3 \sim 10^8$ 亿吨，小彗星质量只有几十亿吨。彗发的体积随彗星离太阳的距离而变化，直径比彗核要大得多，一般可达几万千米，有的更达到 180 万千米（如 1811 年的大彗星），比太阳还大。

一般来说，当彗星运动到离太阳 2 个天文单位左右时才开始伸出彗尾。随着向太阳趋近，彗尾显著地变长、变大；当它过近日点后不断远离太阳时，彗尾就逐渐变小，直至最后消失。大的彗尾可长达上亿千米，宽度在几千千米以上，甚至可达 2 000 万千米。彗尾物质极为稀薄，密度只及地面大气密度的十亿亿分之一，这正是 1910 年哈雷彗星回归时彗尾扫过地球但人们毫无感觉的原因，所以彗尾确实是一把空空如也的“大扫帚”。彗发和彗尾的质量之和一般只占彗星总质量的 1%～5%。彗尾又可以分为两类，一类彗尾较长、较直，呈蓝色，由离子气体组成，称为“离子彗尾”或“气体彗尾”，又称Ⅰ型彗尾，这类彗尾是在太阳风（从太阳逸出的高速粒子流）的作用下形成的。另一类彗尾比较短，呈弯曲状，呈黄色，称为“尘埃彗尾”，是由太阳光辐射压（光压）对尘埃的斥力作用造成的，其中弯曲程度较小的又称Ⅱ型彗尾，而弯曲程度很大的称为Ⅲ型彗尾。彗尾的结构往往相当复杂，并且呈动态变化，有的还会形成好几条彗尾，非常奇特。

彗星的运动轨道与行星大不一样，绝大部分轨道都是一些很扁的椭圆和接近抛物线的双曲线。沿椭圆轨道运行的彗星称为周期彗星，每经过一段时间它会再度来到地球附近而为我们所看到，其中周期长于 200 年的称为长周期彗星，最长可达几千年甚至上万年；短于 200 年的是短周期彗星，哈雷彗星即属于短周期彗星，而只有很短周期的彗星才有可能被进行多次仔细研究。沿双曲线轨道运行的彗星只是一些来去匆匆的过客，它们一去就不复返了。

彗星在远离太阳时就只剩下彗核。通常认为彗核是一些“脏雪球”，由冰冻的母分子和夹杂其中的细微尘粒组成。当彗星逐渐接近太阳时，太阳的加热作用使彗核表面的冰升华为气体，向外膨胀并带出微尘，从而形成彗发和彗尾。然后，彗尾在太阳光压和太阳风的作用下扩展出去。过了近日点后，太阳的加热作用渐而减弱，气体的挥发量减少，彗尾和彗发减小以至消失，剩下的只有彗核并远离太阳而去。每次经过太阳附近，彗星就会损失一部分质量，因此周期彗星多次回归太阳后，挥发性物质越来越少，最后也就不能生成彗发和彗尾了。近期的空间探测已经证实，这种模型基本上是正确的。

▲ 海尔-波普彗星

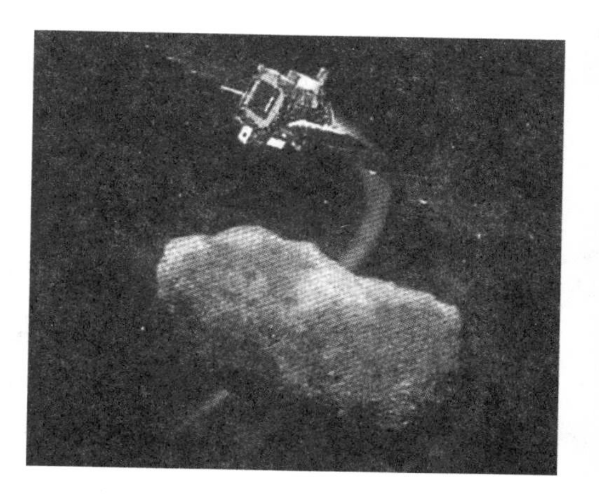

▲“深空1”号观测到伯莱利彗核像个马铃薯

关于彗星的起源问题，目前还没有取得完全一致的意见。一种比较流行的说法是“原云假说”，由荷兰天文学家奥尔特于20世纪50年代提出。根据这种假说，在距太阳10万天文单位的地方有一个“彗星仓库”，称为“彗星云”或“奥尔特云”，其中约有1 000亿颗彗星。由于受到某种引力（比如太阳系附近一颗恒星的引力）的扰动作用，一部分彗星改变了运行轨道，经过几百万年时间到达太阳系内部；这时又因为受到大行星（特别是木星）的引力扰动而成为短周期彗星，并来到地球附近而为我们所看到。差不多同一时期的另一种看法认为，在海王星轨道外还存在着另一个彗星带，称为“柯依伯带”。目前已经发现了几百个柯依伯带天体，但这些天体是否就是彗星尚有争议。

由于彗星很可能含有太阳系形成之初的原始物质，甚至有可能是原始生命的发源地之一，可以为研究太阳系的早期演化史提供宝贵的线索，而人们对此又知之甚少，因此从 20 世纪 80 年代起，彗星研究便成为太阳系空间探测的一个重要方面。1985 年至 1986 年哈雷彗星回归地球期间，美国、苏联、日本和欧洲空间局共发射了 6 个探测器对哈雷彗星进行近距离实地探测。最近欧洲空间局于 2004 年 3 月 2 日成功发射了“罗塞塔”彗星探测器，它于 2014 年到达 67P/C-G 彗星附近，并对其作近距离考察和采集物质样品。毫无疑问，这些空间探测的成果将帮助人们深入了解彗星甚至太阳系。

（赵君亮）

流星雨的魅力

太阳系内的行星际空间存在着大量的尘埃微粒和微小的固体块，它们也绕着太阳运动。当它们接近地球时，可能会闯入地球大气层。由于这些微粒或固体块与地球的相对运动速度很高，达每秒 11 ～ 72 千米，因而与大气分子发生剧烈摩擦而燃烧发光，在夜间天空表现为一条光迹，这种现象就是流星。流星中特别明亮的又称为火流星，火流星出现时，偶尔还可听到声响。造成流星现象的微粒或固体块称为流星体，所以流星和流星体是两个不同的概念：流星体是一种实体，流星是一种现象。

流星体的质量一般很小，比如肉眼可见的流星体直径在 0.1 ～ 1 厘米之间。大部分流星体在进入大气层后都汽化殆尽，只有少数大而结构坚实的流星体才能因燃

▲ 火流星

▲ 流星雨照片

烧未尽而有固体物质降落到地面，这就是陨星。特别小的流星体因与大气分子碰撞产生的热量迅速辐射掉，不足以使之汽化产生流星现象，而是以尘埃形式漂浮在大气中并最终落到地面上，称为微陨星。

据估计，每年降落到地球上的流星体，包括汽化物质和微陨星，总质量约有20万吨之巨！这是否会使地球不断变“胖”呢？地球的质量约为6×10^{21}吨，由于流星体下落使地球“体重”的增加在50亿年时间内的总量约为10^{15}吨，或者说使地球的质量增加了600万分之一，相当于100千克的大胖子体重增加不到0.02克，可见实在是微不足道！

流星通常是单个零星出现的，彼此间无关，它们出现的时间和方向也没有什么规律性，平均每小时可以看到10条左右，称为偶现流星或偶发流星。但是，偶现流星在整个夜晚不同时间段内出现的数目是不同的。平均来说，下半夜出现的流星要比上半夜来得多，而且也比较明亮。

有时候在天空某一区域或在某一段时间内流星的数目会显著增多，每小时出现几十条甚至更多，看上去就像下雨或放焰火一样，这种现象称为流星雨。特别大的流星雨又称流星暴，如 1833 年狮子座流星雨出现时，每小时竟多达 35 000 条（约每秒 10 条），景象甚为壮观。流星雨是一大群流星体在短时间内闯入大气的结果，这种成群结队的流星体称为流星群。

流星群的各个成员在空间中的运动轨道基本上是彼此平行的。由于透视的原因，在地球上看来由流星群造成的流星雨仿佛都从同一点向外辐射出来，这一点称为流星雨的辐射点。大多数流星群（流星雨）即以辐射点所在的星座或附近的恒星命名，如狮子座流星群、宝瓶座 δ 流星群等。

通常认为流星雨的出现与彗星有关。流星群就起源于彗星散发出来的物质碎粒或是瓦解了的彗核。最著名的是 1826 年发现的比拉彗星，地球在每年的 11 月 27 日穿过它的轨道。1846 年 1 月发现比拉彗星已分裂为二，且分裂后的两颗彗星间距离越来越远。1855 年，它们双双出现，但已经分得很开。在以后两次预期彗星该出现的年份都没有观测到，人们以为它失踪了，然而在 1872 年 11 月 27 日夜晚天空中突然出现了极为壮观的流星雨，辐射点在仙女座。1885 年 11 月 27 日又发生了同样的现象。后来得知，1798、1830 和 1838 年已观测到过仙女座流星雨。可见比拉彗星在瓦解前早已在散发大量的质点，仙女座流星雨毫无疑问与比拉彗星有关，故又称比拉流星雨。

在漫长的年代中，彗星散发出的微粒会逐渐因太阳辐射压和大行星引力扰动而分布在整个彗星运动轨道上。由于一部分彗星的轨道可以与地球公转轨道相交，当地球穿越这种区域时便会因大批微粒进入地球大气层而形成流星雨。不过，因为这类微粒在轨道上的分布是不均匀的，母体彗星附近密度特别大，所以对应于某一颗彗星来说，不是每年都能从地球上看到壮观的流星雨。比如，在平常年份，狮子座流星雨的流星数目并不很多，只是每隔 33 年才有一次程度不等、规模较大的流星暴出现，这 33 年就是母体彗星的轨道运动周期。

（赵君亮）

太阳和太阳系的形成

太阳是银河系中的一颗恒星。太阳是如何形成的，这个问题就是恒星的形成问题。太阳系的形成，包括了太阳的形成和太阳系中其他天体的形成两个方面的问题。相比之下，后一问题的解决要困难得多。太阳和太阳系中的其他天体是差不多同时形成的，这两个方面的问题实际上有着紧密的联系。

约 50 亿年前，银河系中有一团几千倍太阳质量的气体尘埃云。这团星云一方面在自身引力作用下逐渐收缩，另一方面内部出现了许多湍流和涡流。结果，大星云碎裂成了许多小星云，其中一块小星云就是太阳和太阳系的前身，称之为“原始太阳星云”。

估计原始太阳星云的质量不会超过现在太阳质量的 1.2 倍。它一开始就有自转，这是原来的大星云中所具有

太阳系的形成（艺术画）▶

的湍流和涡流残留下来的。这团星云继续在万有引力的作用下收缩，中心占绝大部分的物质形成了太阳，相应地，星云的自转变得越来越快，留在外围的物质形状变得扁平，形成了一个星云盘。

太阳形成以后，由于太阳强烈的辐射和太阳风的作用，星云盘中靠近太阳的内层气体被向外推离，因此尘埃的含量高；而在外围，则气体的含量高。而且，星云盘的厚度，是内层薄、外围厚，但物质的密度，则是内层较密，越向外围密度越低。行星就在这样的星云盘里形成。

现在，利用哈勃空间望远镜，天文学家已经在许多新形成的恒星周围观测到了这种由气体和尘埃组成的星云盘。然而，星云盘中的气体和尘埃究竟是怎样形成一颗颗行星的，这是一个比较复杂的问题，没有直接的观测依据，只能依靠理论研究。这类研究得出的大致情况是，星云盘内的大小不等的尘埃微粒在运动中互相碰撞，

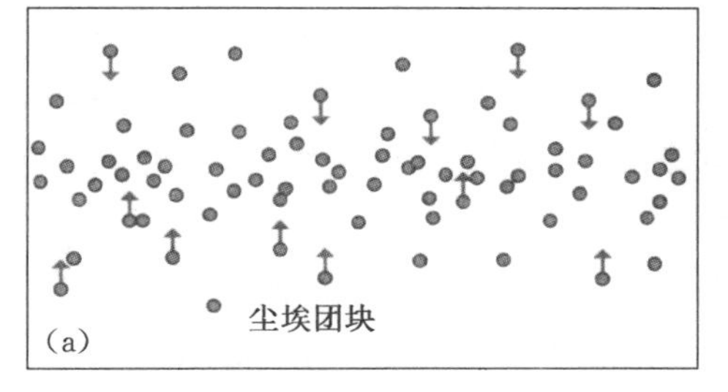

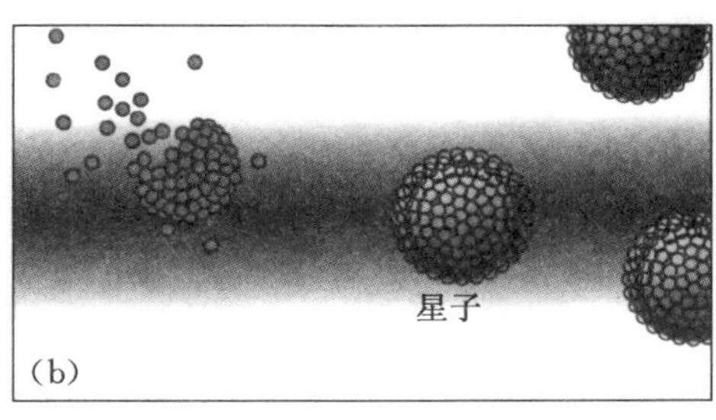

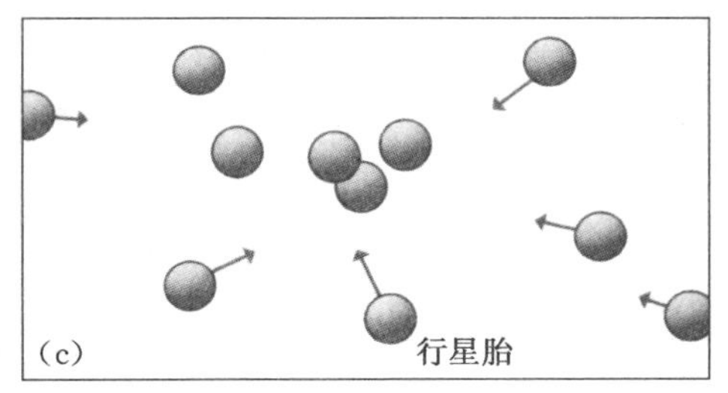

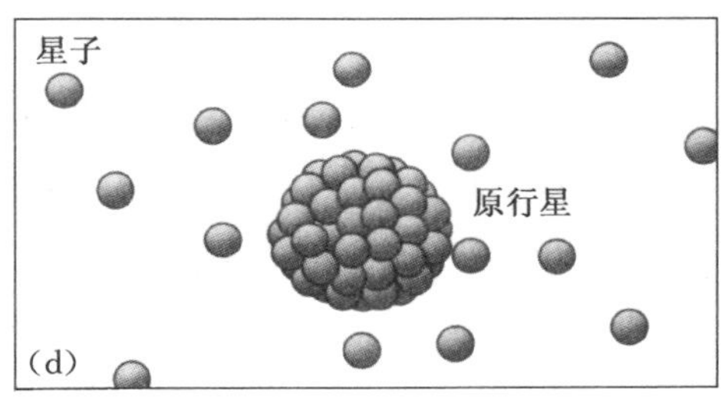

▲ 行星形成过程示意图：(a) 尘埃颗粒碰撞结合形成团块；(b) 引力使尘埃团块结合形成小行星大小的星子；(c) 星子聚集成行星胎；(d) 星子进一步聚集在行星胎周围形成原行星

结合成大小不同的颗粒。较大的固体颗粒在原始太阳的引力、惯性离心力、气体压力和阻力的综合作用下，逐渐沉降到星云盘的中心面附近，在星云盘内形成一个更薄的“尘层”。当尘层内的物质密度变得相当大时，尘层就会瓦解为许多颗粒团。每个颗粒团继续收缩和聚集，先形成一些小的团块，然后这些团块相互碰撞，结合成 1 ～ 10 千米直径较大的团块，称为星子。

大星子的引力较强，在运动过程中不断地吸积周围的物质，吞并小星子并长大。星子之间的引力会使它们的轨道变得复杂化，更易发生交叉、接近和碰撞。好像滚雪球似的，大星子越长越大。星子间的碰撞可以产生两种结果。如果两个星子彼此间大小相差悬殊，或者相对速度不太大，那么它们就会结合在一起。否则，它们就会撞碎。然而，这些撞碎后留下的碎块，多数终究又会被大星子吸积。在这种碰撞和吸积过程中，在一定的区域内，会产生一个相对来说最大的大星子，成为行星胎。

行星胎的形成更进一步大大加快了物质凝聚的速度，最后，形成了一颗颗大行星。一些行星周围大卫星的形成过程很可能是大行星形成过程在局部区域内较小规模的翻版，而一些没有能形成大行星的星子，就成了小行星、彗星和一些行星的小卫星。内层的大行星，因为原来星云盘尘埃多，所以是类似地球的固态行星。外层的大行星，则原来的星云盘成分主要是气体，所以是像木星那样的气态行星，仅在它们的中心可能有个很小的固态核。

理论研究表明，从星云盘到最终行星形成，需要 1 千万年到 1 亿年。因此，太阳系内的所有成员基本上是在同一时期里相当快地形成的。

（王家骥）

沸腾的太阳表面

我国古代的神话称太阳中有“三足乌”，以致“乌”成了太阳的代称。为什么我们的祖先会有这样的认识，是不是他们在日面上看到了什么？

一种可能是错觉。你如果朝着明亮的太阳圆面看一会儿，很快就会眼花缭乱，并产生一种错觉，似乎有暗影在日面上跳动。我们的祖先因此以为太阳上有大鸟，或者视太阳本身就是大鸟。另一种可能性是太阳上出现的大黑子群。这种大黑子群出现时，在日出或日落的时候，可以用肉眼看到。我国在公元前 28 年，就已经有了世界公认的最早的太阳黑子记录。我国古代典籍中称太阳黑子为“黑气”“乌”。

现在我们知道，我们平常看到的太阳表面，是太阳大气的最底层。它的温度约是 6 000 ℃。它是不透明的，

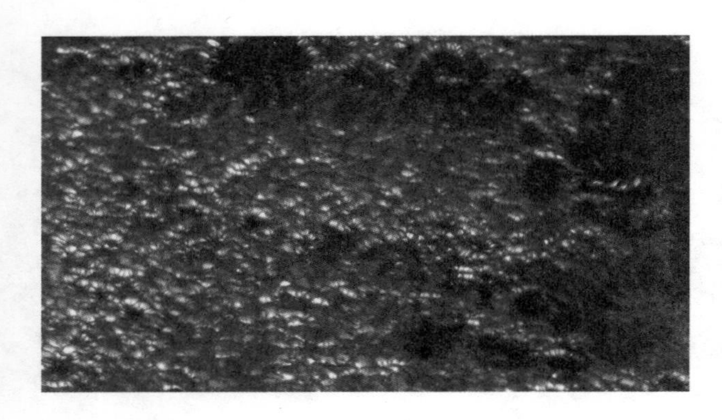

▲ 太阳表面的立体影像

因此我们不能直接看见太阳内部的结构。这一层深约500千米，称为“光球”。

光球那么薄，怎么会不透明呢？原来，这一层里面的气体，处在部分电离的状态。气体的电离产生了很多自由电子，这些自由电子处在剧烈的运动中，它们如果遇到正离子，就会重新与正离子结合为中性原子，然后再电离。它们也可能遇到中性的氢原子，与中心的氢原子暂时结合在一起，成为负氢离子。负氢离子并不稳定，很快又释放出自由电子，重新变为中性氢原子。负氢离子的透明度很差。因此，尽管光球气体的密度比地球表面大气密度小得多，却基本上处于不透明状态。

光球看上去很光滑，实际上犹如沸腾的海洋。光球上一种最普遍见到的现象就是“米粒组织”。在大气比较宁静的时候，即使用小望远镜观测太阳放大后的图像，也可以观测到在整个太阳圆面上布满了像米粒一样的东西。

米粒组织是光球中气体对流造成的一种日面现象。光球的下面是太阳内部对流层的顶部，对流层中的物质有剧烈的对流运动，高温的气体从米粒中向上升腾，同时把热量散发出去，温度降低之后，这些物质便沿米粒的边缘向下回流，重新回到对流层中。因此，米粒的温度比周围高 100 ℃～ 300 ℃，看上去就比周围背景亮 10% ～ 30%。米粒的大小为 1 000 千米左右，最大可达 3 000 多千米，平均寿命约 8 分钟，最长可达 15 分钟以上。米粒中心的物质上升速度约为每秒 0.4 千米，水平方向的物质外流速度约为每秒 0.25 千米。

太阳黑子是光球上的暗黑斑点，大的可达 20 万千米以上，通常见到的比较小的也有几千千米。黑子越大，寿命越长。个别寿命短的小黑子几小时就消失，但一般的都能生存几天、十几天。大黑子尤其是一些结构复杂的超大黑子群，寿命可以长达几个星期甚至几个月。

较大的黑子由浓黑的本影和灰黑的半影组成。本影是黑子的核心，可以明显看到它向太阳内部凹陷下去，温度比周围明亮的光球低 1 700 ℃左右。半影处在本影的四周，与周围明亮区域的温度差约为 400 ℃。在半影中常有许多大致径向排列的纤维状结构，有的还有漩涡状结构。黑子内的物质有复杂的剧烈运动，垂直方向的运动速度达到每秒 1 ～ 3 千米。在黑子下面，有物质沿水平方向从里向外流出，而在黑子上层，则刚好相反，物质从外向里流入。黑子有很强的磁场，其强度比太阳表面平均磁场高约 10 000 倍。黑子的磁场不但强度高，而且常有剧烈的变化，这种剧烈变化往往伴随着太阳大气更高层次中的某些剧烈活动。

太阳黑子为什么会是黑的？可以肯定的一点是，必定是黑子区域超强的磁场与物质相互作用，使得这一区域温度较低。那么太阳黑子的强磁场又是怎么形成的呢？原来，太阳像地球一样，也有自转。不过，地球是个固体球，不管在赤道还是两极附近，自转周期是一样的。可是，太阳是一个气体球，赤道区域自转一周约25天，而在纬度40度左右处自转一周却需要27天，这种自转方式称为较差自转。

太阳内部的物质处在电离状态，太阳自转使得这些物质中的电荷也一起跟着转动，造成了一个两极分别在南极和北极附近的全球性磁场。我们可以用许多磁力线来想象这个全球性磁场，这些磁力线贯穿在太阳的物质中。由于太阳的自转是较差自转，不同纬度自转快慢不一样，磁力线跟着物质转动，就会发生扭曲，慢慢地相互缠绕在一起，形成“磁力线管”。进一步，这些磁力线管会扭结起来，其中的局部磁场强度大大增强。当这一强磁场产生的压力超过太阳物质的压力，磁力线管就会浮到太阳光球上来，从而成为太阳黑子。

（王家骥）

人造日食观日冕

日食对于我们来说算不上是什么罕见的天象，就地球上的某一地点来说，每隔几年就可以看到一次。可是，我们能看到的几乎都只是偏食，在一个人的一生之中，能够看到环食或者全食的机会微乎其微，很多人终身都没有看到。

日食中，真正值得一看的是日全食。当全食来临的时候，天空变得灰暗起来，几颗最明亮的星星开始出现在天幕之上，一阵阴风掠过大地，让人感到几分冷凄。这时你向太阳望去，往时耀眼的圆面已经变得黑暗无光，倒是在其周围浮现出了一片蓝白色的淡淡的光晕，似美女头上的披纱，吹拂开去。面对这一幅从未见过的美景，你会觉得自己也许是在仙境。待等几分钟后，全食结束，明亮的太阳重新露出一角来的时候，你仿佛如梦初醒，不得不惊叹大自然的奇妙。

那么，在日全食的时候，在被遮住的太阳圆面四周我们看到的那一圈异常美丽的光晕，究竟是什么呢？是地球大气散射的太阳光吗？不是，因为发生日全食的时候，遮住太阳的是在地球大气外离开地球很远的月亮圆面，在地球上能够见到全食的区域，已经没有太阳光投射过来。那一片晕光，是真正位于太阳四周的物质发射出来的，它们构成了太阳大气的最外层，这一层称为日冕。

日冕内的物质十分稀薄，即使在其底层，密度也只有地球表面大气密度的约一万亿分之一。这些物质处于高度电离状态，主要由质子、高速自由电子以及高度电离的离子所组成。日冕的发光强度很低，大约只有光球的一百万分之一。如果不是发生日全食，日冕的光将完全被地球大气散射的光球的光淹没。因此，在很长的一段时间里，人们只能利用日全食发生时的短短几分钟，对日冕进行观测，获得的资料十分有限。

日冕的伸展范围可以达到好几倍太阳半径，与行星际空间没有截然的分界线。在日冕的外层，不断有带电粒子流以每秒几百千米的速度飞向行星际空间。这种带电粒子流可以看作是日冕的延伸，称为太阳风。太阳风一直可以吹到太阳系的边缘，逐渐消散。太阳系中受到太阳风影响的整个区域，有时称为太阳风层。

在地球上，地球大气的散射光不可能完全消除，但可以把望远镜放到海拔很高的高山上去，那里空气稀薄，大气散射光的影响大为减小。不过，要想在没有发生日全食的时候观测日冕，除了地球大气散射光的影响之外，望远镜也会产生很严重的散射光，因此还需要尽可能设法减少望远镜产生的散射光。1930年，法国默东天文台的青年天文学家里奥制造成功了这样一架专门用来观测日冕的望远镜，称为日冕仪。他在2 870米高的法国日中峰天文台，在下雪后的晴天，大气散射光特别小的时候，成功地观测到了日冕。

▲ 1999年8月11日，发生在土耳其等地的日全食

在高山上用日冕仪观测到的日冕，只是其底层很薄的一圈，而上层很大的范围，由于光线十分暗淡，仍然只能在日全食的时候进行观测。人类进入太空时代之后，这种情况才开始有了根本的改变。在太空中，没有了地球大气，人们就可以制造人造日食，利用人造日食来观测日冕。

在制造人造日食对日冕进行连续监测方面，由欧洲航天局和美国航空航天局联合研制的太阳和太阳风层天文观测卫星发挥着十分重要和不可替代的作用。这颗卫星在1995年12月2日发射上天，专门用来对太阳和太阳风进行全天候的不间断监测。这颗卫星重1 850千克，装有12台精密的仪器，用来对太阳内部、太阳大气层和太阳风进行观测和研究。

在这颗卫星上，能够制造人造日食的是其中的广角分光日冕仪。这种日冕仪中央有一块圆形的挡光板，把明亮的太阳圆面遮住。日冕的光离开太阳越远就越弱。在这颗卫星上一共有 3 架这样的日冕仪，它们可以分别对离太阳中心距离不同的那部分日冕同时用不同的曝光时间照相，使得拍摄到的图像都同样清晰。

（王家骥）

日冕仪

日冕仪是一种能人为地制造日食，用来研究太阳的日冕和日珥的形态和光谱的天文仪器。

日冕仪是法国默东天文台的里奥（B.Lyot）于 1930 年发明的。日冕仪最初必须放到高山上使用，以避免地球大气散射光的影响。现在已经可以放到火箭、轨道天文台、空间站上进行大气外观测。

破解七色阳光中隐藏的秘密

众所周知，牛顿发现了万有引力定律。其实，牛顿对科学还有许多其他杰出的贡献。牛顿说，“我之所以比别人看得更远，是因为我站在巨人的肩膀上”。不但在基础理论方面，而且在某些应用技术方面，牛顿也同样贡献巨大。

▼ 基尔霍夫关于光谱的三条定则：（a）第一定则；（b）第二定则；（c）第三定则

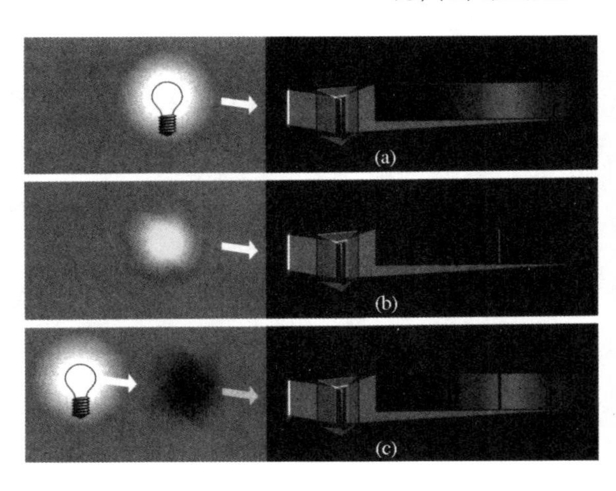

那是在 1666 年，牛顿才 25 岁。为了证明玻璃对不同颜色的光线的确具有不同的折射率，他把玻璃做成截面为三角形的棱镜，放到太阳光下，发现通过棱镜的太阳光投射到白色

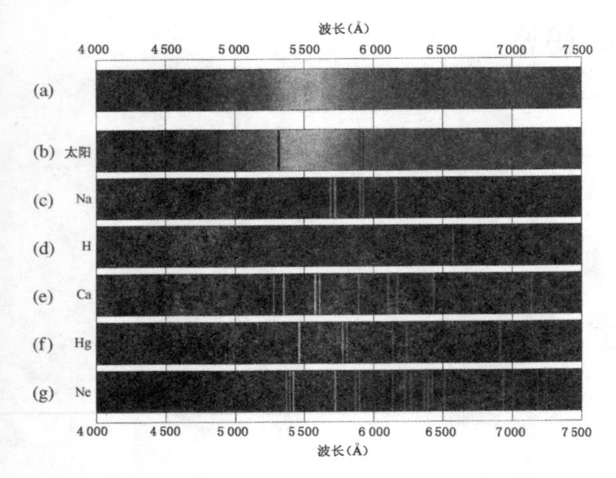

▲ 各种不同类型的光谱：(a) 由白炽灯泡产生的连续光谱；(b) 太阳的吸收光谱，只画出了几条特别明显的吸收线；(c) 钠的发射线谱；(d) 氢的发射线谱；(e) 钙的发射线谱；(f) 汞的发射线谱；(g) 氖的发射线谱

的屏幕上，成了一条彩色的光带。1802 年，另一位英国人沃拉斯顿在三棱镜前面加了一条狭缝，结果在太阳光产生的彩色光带中就出现了许多暗线。这就是最早的光谱仪，那条彩色的光带，就叫作光谱。

1787 年，在德国一个姓夫琅和费的贫穷人家，诞生了一个男孩。这个穷孩子 11 岁的时候在慕尼黑的一个光学师傅那里当了学徒，住在一间快要倒塌的破屋里。后来，这间屋子真的倒塌了，里面其他的房客都被压死了，只有小夫琅和费幸免于难，但也受了重伤。一位好心的侯爷给了他 18 块金币，他用这些钱买了书籍和光学仪器。不久，夫琅和费成了一名最能干的光学巧匠。

1814 年，28 岁的夫琅和费正为改进天文望远镜上的物镜而对棱镜进行研究。他把光谱仪安装到天文望远镜上，使得光谱看起来特别清晰。他吃惊地发现，在太阳的光谱中有几百条强弱不同的暗线。他测量了这些暗线的位置，绘出了太阳光谱图，证明这些暗线的确是太阳光的一种特性，并不是仪器的缺陷造成的。后来，人们就把这些暗线称为夫琅和费线。

夫琅和费还对衍射现象发生兴趣。所谓衍射现象，是指光线经过狭缝时发生的绕射。夫琅和费把金属丝缠在两个相同的螺钉上，这些金属丝之间的空隙便形成了一系列平行的狭缝。他发现，白光经过这样的一系列狭缝之后，也会分解成彩色的光谱。后来夫琅和费把金箔贴在玻璃片上，然后刻出一条条透明的纹路，他把这样的光学器件称为光栅。用光栅代替棱镜得到的光谱，各种不同波长的光分散得更加开，因此更适合用来做精密的分析和测量。可惜的是，在光学仪器方面做了这么多伟大工作的夫琅和费，不到 40 岁就去世了。

那么在太阳光谱中的暗线究竟是怎么产生的？又过了 40 多年之后，德国物理学家基尔霍夫才解开了这一秘密，他提出了关于光谱的三条定则。

第一定则：炽热和不透明的固体、液体或高压气体发出连续光谱。

第二定则：炽热的透明气体产生明线（发射线）光谱，发射线的数量和颜色取决于气体中含有哪些元素。

第三定则：如果连续光谱通过低温、透明的气体，将出现暗线（吸收线），吸收线的数量和颜色取决于气体中含有哪些元素。

原来，太阳的内部处于高温、高压的状态，在这种情况下，发出的光谱是一条明亮的彩色光带，即连续光谱。太阳光发出以后，要通过温度相对较低、压强很小的太阳大气底层，即光球，太阳大气层中的各种元素就会产生它们各自的吸收线，于是在连续光谱的背景上相应产生了一条条暗线。

这下子天文学家懂得了，原来可以通过研究太阳的光谱，知道它上面有哪些元素。这只要看它的光谱中的吸收线是哪些元素产生的就行了。后来，人们又知道，光谱中的谱线（发射线和吸收线的统称）不但能告诉我们太阳上有哪些元素，还能告诉我们太阳上物质的运动速度、温度、压强、密度、电离程度、磁场强度等等很多情况。事实上，现在我们所了解的太阳上的情况，大多数是通过观测和分析太阳的光谱知道的。而且，不仅仅是太阳，其他的恒星、星系也都是通过破解它们的光谱，从而得以洞悉它们的种种秘密。

（王家骥）

戴上“有色眼镜”看太阳

天文学家知道了白色的太阳光可以被分解成彩色的光带，知道了这条光带之中原来隐藏着太阳的许许多多秘密，于是他们想，如果能够像戴上有色眼镜那样，通过单色光也就是单一波长的光去看太阳，所看到的太阳很可能与平常用白光看到的太阳不一样，从而能窥探到太阳上我们原来不知道的某些现象。

天文学家首先注意到的是太阳光谱中的那些吸收线。这些吸收线之所以暗黑，是因为光球底层发出的光被上层较冷的气体吸收掉了。也就是说，对于与这些吸收线波长所对应的光线来说，光球上层是不透明的。那么，如果我们能够用这些波长的光线去看太阳，我们看到的将不是光球，而是比光球上层更高的层次。

在光球之上、日冕之下的太阳大气层叫作色球。色球是在日全食的时候被发现的。当月亮圆面刚刚把明亮的太阳圆面全部遮住时，在月面边缘会出现很细的有着玫瑰般红色的一个亮圈。由于日全食的时候月亮圆面总是比太阳圆面大，这个红圈不会全部显现出来，能看到的只是一个弧段。这个红色亮圈就是色球，它的厚度大约是 5 000 千米。

日全食的机会本来就很少，而色球出现的时间只有几秒钟，如果仅仅靠日全食的时候观测色球，能够得到的观测资料实在是太稀少了。于是天文学家想到了在平常用单色光的办法来观测色球。通常用来做这种观测的是太阳光谱中两条宽而强的吸收线，一条是波长为 656.3 纳米氢的 Hα 线，另一条是波长为 393.4 纳米电离钙的 K 线。

▼ 太阳同一耀斑的三幅图像：（a）磁场图，红色对应S极，绿色对应N极；（b）Hα 线 图像；（c）电离钙K线图像

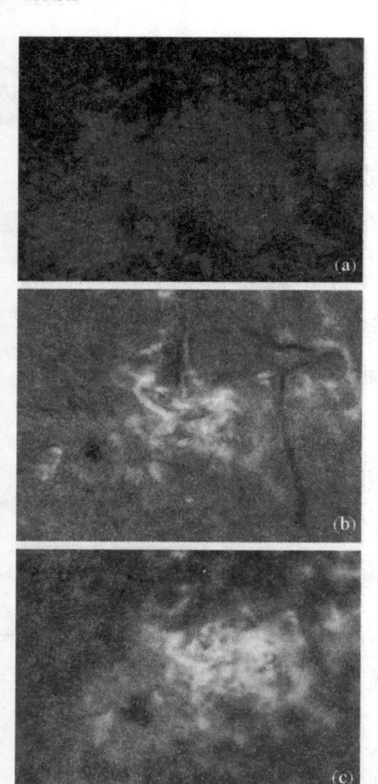

用单色光观测到的色球，不再像日全食的时候那样只是呈现在月面边缘的很窄的一段弧，而是像我们平常见到的太阳一样扩展为整个圆面。观测发现，色球里有很强的湍流，到处都是不断变化的气焰。这些气焰叫作针状体。针状体的大小和寿命与光球中的米粒组织相似，色球层内的温度随着高度增加而上升，在色球层顶部可达 10 万摄氏度。

在用单色光观测太阳时，看到的最引人注目的现象是太阳耀斑。耀斑是发生在色球与日冕过渡区中的一种不稳定过程，在单色的太阳图像上呈现为突然出现、迅速发展的

亮斑。耀斑在几分钟到几十分钟之内释放出的能量，与平时整个太阳1秒钟内释放出的总能量接近或者几乎相等。耀斑能同时发射出大量粒子（包括质子、电子、中子等等）以及从射电到γ射线全波段的电磁辐射。极少数耀斑，甚至用白光也能观测到。

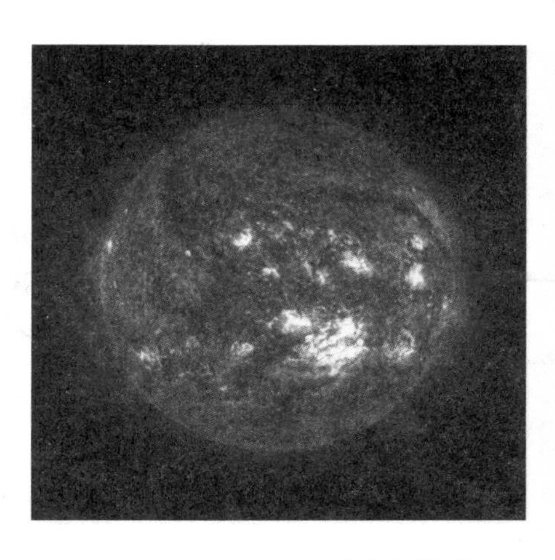

▲ 天文观测卫星用30.4纳米远紫外光拍摄的色球和耀斑图像

耀斑与黑子有密切关系。绝大多数耀斑出现在黑子群附近。尤其是强耀斑，通常都出现在具有复杂的磁场结构的大型黑子群上空。强耀斑常与日冕物质抛射也有联系。大致的次序是这样：首先在光球上出现大黑子群，并在黑子群中发展出复杂的磁场结构，继而引起强耀斑爆发，并触发日冕物质抛射。

耀斑、黑子与日冕物质抛射都与太阳的强磁场活动有关。也许，正是磁场把太阳上的这三种活动联系在了一起。一些天文学家认为，在日冕的不稳定磁场中，既有封闭的磁力线，又有开放的磁力线，而下面的日面磁场即是黑子区。当外面的物质压缩磁场时，原来开放的磁力线彼此接近，重新联结在一起，在此过程中，产生冲向色球和光球的高能粒子，使相应的区域突然增亮，形成耀斑。

耀斑出现后，色球和光球中局部区域内的物质被加热，高能质子与周围的物质相撞，引起局部的核反应。由此产生的大量热量积聚在色球中，导致爆发性的膨胀，碰撞的冲击波可以超过逃逸速度，达到每秒几百千米，从而引起日冕物质抛射。

太阳耀斑是在太阳上观测到的最复杂的现象和最剧烈的活动现象，由于主要发生在色球中，因此也称色球爆发，俗称太阳爆发。耀斑爆发引起的高能粒子辐射和日冕物质抛射，会导致太阳风陡然增强，成为太阳风暴。如果太阳风暴向着地球而来，就会对地球的空间环境造成很大影响。

在太阳和太阳风层天文观测卫星上，安装了一组远紫外成像望远镜，能够用 17.1 纳米、19.5 纳米、28.4 纳米和 30.4 纳米 4 种不同波长的远紫外光拍摄太阳色球的单色光图像，尤其是对可能出现的耀斑进行全天候监测，以便及时地向地球发出太阳风暴预警。

（王家骥）

太阳光和热的来源

太阳每分钟要放出多少能量？为了回答这个问题，我们可以测量在与太阳光垂直的某一面积上1分钟内接收到的总辐射能量。需要注意的是，这一测量必须把所有波长的辐射都包括在内。为此，通常的做法是把接收到的各种波长的辐射能量都转变成热能，用测量热量的仪器来进行测量。这种测量是在地球大气内进行的，因此还需要对大气的吸收作用进行改正。另外，由于地球公转轨道是个椭圆，还要考虑地球到太阳距离的变化，要统一计算到相当于位于日地平均距离处的数值。这样最终得到的数字，称为太阳常数。

因为大气改正很难做得绝对准确，加上所用仪器、方法不一，所以不同的人在不同年代得到的太阳常数数值存在一些差别，大致的范围是在每分钟每平方厘米

▲ 人工热核反应——氢弹爆炸

1.92 ～ 2.00 卡之间。进入太空时代以后，人们可以在地球大气外直接测量太阳常数，精度大大提高，现在公认的这一数值介于每分钟每平方厘米 1.957 ～ 1.963 卡之间。

由太阳常数，通过几何计算和单位换算，很容易得到每秒钟整个太阳放出的能量总量，再除以整个太阳的质量，我们可以得到太阳上每千克物质平均每秒钟应该产生万分之一点九焦的能量。别看这个数字好像很小，我们要知道，在 19 世纪以前，人们曾经以为，太阳的光和热是化学燃烧产生的，就像我们在地球上烧火一样。那么，我们来看看，如果真是这样，整个太阳能够燃烧多久。

太阳上主要的成分是氢。我们假定太阳完全由氢气组成，每千克氢气燃烧，与氧化合成水，可以放出 28 900 千卡热量，这些热量相当于 1.2 亿焦能量。据此，我们可以得到整个太阳质量的氢只能维持约两万年这样的燃烧。然而，氢的这种化学燃烧必须要有 8 倍于氢质量的氧气存在，且不说太阳上没有这么多氧，即使有，那么氢的质量最多只占 1/9，也就是说，这样的化学燃烧最多只能维持 2 000 多年。

化学燃烧不可能是太阳光和热的来源，这促使人们不得不为太阳考虑其他的能源。物理学告诉我们，气体受到压缩，温度会升高，这是外部的机械能变成了气体内部的热能。太阳是一团气体，可以设想它原来体积很大，密度很低，但是在这团气体内部应该有万有引力存在，于是气体就会在引力作用下收缩。太阳中的气体收缩时，引力能（也就是势能）就转变为热能，于是太阳的温度升高，从而发出光和热。1854 年，德国物理学家赫姆霍茨就是这样考虑的。

按照赫姆霍茨的理论，计算太阳的寿命，也就是说，太阳如果是依靠引力收缩发光发热，最多能维持多少年，结果只有 2 000 万年。到了 20 世纪初期，地质学家定出地球的年龄至少已经有 10 亿年。如果赫姆霍茨的理论是正确的，那么与地球的年龄相比，太阳的年龄就小得令人不敢相信了。

随着原子核物理学（简称核物理学）的发展，到 20 世纪 30 年代后期，德国的魏茨泽克和美国的贝特先后提出，在太阳内部，存在 4 个氢原子核聚变成 1 个氦原子核的热核反应。天文学家把这种热核反应称为“氢燃烧”，不过，这与氢的化学燃烧完全是两回事，化学燃烧不改变原子核的结构，只是不同的原子结合成了一种化合物分子。

这里称之为燃烧的热核反应，把原来的原子核结构破坏了，生成了一种新的元素的原子核。早在 20 世纪初，爱因斯坦在他的相对论里，已经从理论上提出了物质的质量可以转变成能量。核物理学实验表明，在氢燃烧的过程中，确实有千分之七的质量变成了能量。可别小看这千分之七，如果把 1 千克氢原子全部通过氢燃烧变成氦原子核，所能产生的能量，是同样质量的氢气化学燃烧放出能量的 500 多万倍，或者说相当于燃烧 4 000 吨石油产生的能量。

按照氢燃烧所能产生的能量，整个太阳如果都由氢组成，并且最终都能通过氢燃烧变成氦，那么太阳可以维持现在这样发光发热长达 1 000 亿年。不过，要使氢燃烧能够发生，温度必须达到 700 万摄氏度以上。只有在太阳的核心附近，温度才有这样高。因此，太阳的氢燃烧主要发生在核心周围一个小区域内。等到这个核心区域（约占太阳总质量的 10%）中的氢全部变成氦以后，太阳会发生一些巨大的变化，然后很快走向死亡。太阳的寿命实际上只有大约 100 亿年，太阳现在的年龄约为 50 亿年，正好是中年时期。

（王家骥）

太阳内部结构的理论推断

太阳表面是不透明的，但人们可以依靠物理理论，从通过观测了解到的太阳表面和整体的物理状况出发，对太阳的内部结构进行推断。

那么，在我们进行这种推断的时候，有哪些要求必须满足呢？

首先，太阳的光和热都是由内部热核聚变产生的，这种核反应把4个氢原子核聚合成1个氦原子核。这种核反应每秒钟所能释放出的能量可以通过物理实验和理论计算得到。太阳的内部结构，应该能够保证在它内部进行的核反应每秒钟释放的能量，恰好等于每秒钟通过太阳表面向外辐射的总能量。另外，太阳表面辐射的能量主要是以可见光、紫外光和红外光的形式向外辐射，太阳的内部结构也要能够满足这个要求。

其次，在太阳内部，气体主要受到两个力的作用。一个是气体的重力，它是由气体自身物质之间的万有引力作用产生的，方向指向太阳中心。气体在重力的作用下会发生压缩，于是就会产生压力，抵抗重力产生的压缩作用。另一方面，气体在高温下要膨胀，这种膨胀作用也会产生压力。压力的方向与重力方向相反，因为太阳目前处于稳定状态，两者的大小应该相等。因此，太阳内部的温度、压强、密度等物理条件，必须要能够满足这个要求。

早在 1870 年，英国物理学家累恩就开始考虑恒星结构问题。20 世纪 20 年代，英国理论天体物理学家爱丁顿为这个问题的解决奠定了基础。后来，在 20 世纪中期，印裔美国天体物理学家钱德拉塞卡进一步为这个问题的基本解决做出了杰出的贡献。现在，我们对于包括太阳在内的恒星的内部结构，从总体上说已经基本上得到很好的解决，当然还有不少细节问题有待进一步探索。

恒星的内部结构，因恒星质量的不同而有所不同。一颗恒星的质量，小的不到太阳的十分之一，大的可以达到太阳的几十倍。因此，太阳是一颗质量偏小的恒星。对于像太阳这样的恒星，其内部可以分为核反应区、辐射区和对流区三个层次。

太阳的核心区域是核反应区，这个区域很小，其半径大约只是太阳半径的 1/4。太阳核心区域的物质处在外层物质重力所造成的巨大压力之下，这一压力达到地球表面大气压的 3 300 亿倍。巨大的压力使得核心区域内气体的密度可达水密度的160倍，因此核反应区的质量可达整个太阳总质量的大约一半。核反应区的温度高于700万摄氏度，在中心可达1 500万摄氏度。正是在这样的高温高压条件下，热核聚变反应才能够稳定地进行。

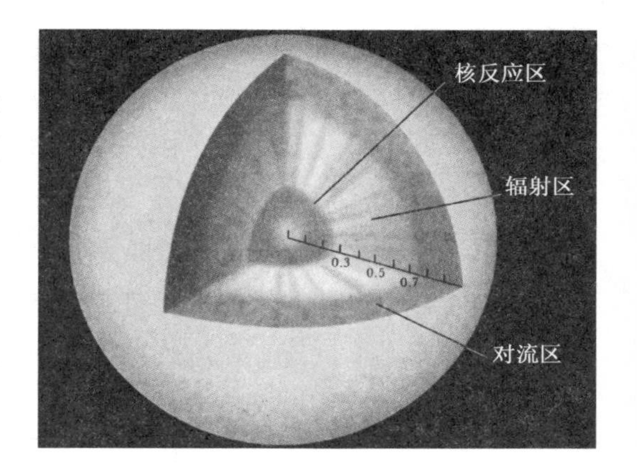

▲ 太阳的内部结构

核反应区的外面一层称为辐射区，范围从太阳半径的1/4处延伸到半径的80%处。按体积而言，这一层约占太阳的一半，但因为密度已经急剧下降，质量与核反应区相当。辐射区内的温度仍然很高，压力仍然很大。在辐射区的外边缘，温度约为70万摄氏度，压力约为地球表面大气压的150万倍，然而密度已经只有水密度的18‰。

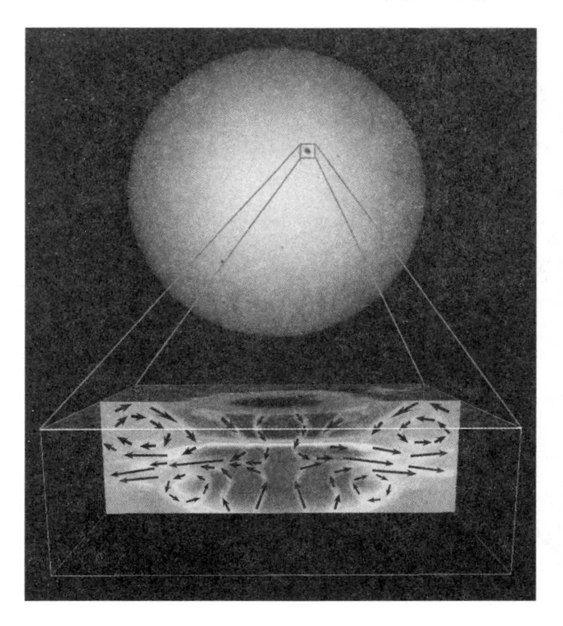

▲ 太阳黑子下物质对流示意图，其中暗一点区域表示相对低温区域，亮色区域表示相对高温区域

在核反应区内，通过核反应所产生的光子都是能量极高的高能光子，属于伽马射线。这些高能光子不可能直接射到外面来，它们被辐射区内的物质吸收，然后以较低的频率再辐射。在辐射区内，

通过这种对光子不断地吸收和再辐射实现能量的传递，把核反应区产生的大量能量向外传送，同时光子的频率逐步降低，由伽马射线变为X射线，再变为紫外光，最后变为可见光。太阳核反应区产生的能量，通过辐射区传输到太阳表面要20万年。

辐射区之外是对流区。对流区一直延伸到光球层的底部，厚度约为14万千米。在对流区内，温度、压力和密度都向外急剧降低，到与光球的分界处，温度已降低到6 000多摄氏度，压力与地球表面大气压差不多，密度不到地球表面大气密度的千分之一。物理条件的急剧变化使得这一层次处在不稳定状态，其中的物质上下对流运动十分强烈，内部的巨大能量通过这种对流的形式，传送到光球的底层，并通过光球向外辐射。

（王家骥）

寻找失踪的太阳中微子

中微子是一种不带电荷的基本粒子，质量几乎等于零，几乎不与其他粒子发生相互作用，穿透力极强，所以非常难探测到。

在氢聚变为氦的热核反应中，在释放出大量能量的同时，还应该释放出两个中微子。在太阳内部的核反应区，中微子产生之后，它们的命运与光子完全不同。光子要经历一系列的吸收和再辐射过程才会从太阳表面辐射出来，然而中微子却通行无阻，能轻而易举地逸出太阳，一路上几乎不与所遇到的粒子

▼ 位于美国南达科他州的中微子探测器

▲ 位于加拿大安大略省的中微子探测器

发生相互作用，它们应该携带着太阳核心区域热核反应的原始信息。

中微子几乎不与其他粒子发生相互作用，要探测到它们也就非常困难。美国宾夕法尼亚大学的雷蒙德·戴维斯及其合作者，从 1955 年开始在美国南达科他州的一个 1 500 米深的矿井中建造中微子探测器。之所以要把探测器建在那么深的矿井中，是为了避免来自太空的其他粒子的干扰。探测器盛有 615 吨液态四氯乙烯，中微子会使液体中的氯原子变成氩原子。

1967 年，戴维斯等人首次测量了太阳中微子的数量。理论上应当每天在探测器中观测到一个在中微子作用下由氯原子变成的氩原子，实际上却每 2.5 天才观测到一个。其后三十余年间，研究人员又对太阳中微子进行了一系列的实验观测，尽管使用了不同技术，结果却大同小异，到达地球的太阳中微子数量始终明显低于理论预测值，大致有 2/3 的太阳中微子莫名其妙地失踪了。

问题会不会出在粒子物理方面呢？粒子物理的标准模型认为有 3 类不同的中微子，即电子中微子、μ 中微子

和 τ 中微子。太阳中心的核聚变反应只能产生电子中微子，戴维斯以及其他人的实验装置都只能探测这类中微子。可是，如果电子中微子能够转变成另外两类中微子，那么失踪的中微子可能就不是真正失踪了，它们完全可能是由于某种原因转变成了另外两类中微子。

1990 年 1 月，加拿大和美国政府批准了在加拿大安大略省的一个镍矿矿井中建设采用重水的中微子探测器的投资。这个探测器建在地表以下 2 072 米深处，把 1 000 吨重水装在直径 12 米的透明丙烯酸容器中，监视重水的是 9 500 多个光电倍增管，每根光电管都能探测出单个光子。

地球表面每平方厘米面积每秒钟会通过 500 万个高能太阳中微子，可是即使用 1 000 吨重水来捕捉它们，它们绝大多数还是穿膛而过，每天只有其中 10 个会与电子或原子核发生碰撞。

重水是氢的同位素氘与氧的化合物，氘原子核由 1 个质子和 1 个中子组成。任何一种中微子与氘原子核发生碰撞，都能使氘原子核分裂，然后其中的中子会与另一个氘原子核结合成氢的另一同位素氚的原子核，同时释放出伽马射线，继而打出 1 个高能电子，这是第一种情况。第二种情况只有电子中微子会发生，中微子的碰撞也使氘原子核分裂，但中微子被氘原子核中的中子吸收，这个中子释放出一个高能电子，变为质子。第三种情况比较罕见：中微子直接撞击电子，使这个电子变为高能电子。

从 1999 年 11 月到 2001 年 5 月，这个探测器记录到 2 928 次中微子碰撞事件，其中 576 次属于第一种情况，1 967 次属于第二种情况，263 次属于第三种情况，还有极少量由其他原因引起。由第二种情况，可以推算出每平方厘米面积每秒钟有 175 万个电子中微子通过这个探测器，相当于预测值的 35% 左右，从而证实了以前的检测结果。

然而关键的问题是，来自太阳的电子中微子数目是否远低于 3 种中微子的总数？后者可以根据第一种情况来推算，结果得到每平方厘米面积每秒钟总共有 509 万个来自太阳的中微子，恰好是电子中微子数量的 3 倍。

上述结果意味着，太阳中微子虽然原来都是电子中微子，可是有 2/3 在前来地球的途中转变成了 μ 中微子和 τ 中微子。经过 20 年的探索，太阳中微子的失踪之谜终于被圆满地解开了。

（王家骥）

倾听太阳的脉搏

在恒星世界中，有一小部分恒星会周而复始地一会儿增大、一会儿缩小。半径增大时，表面温度降低，但由于表面积增大，看起来就觉得更明亮一些。相反，当它们的半径缩小时，表面温度升高，但由于表面积减小，看起来就觉得较暗弱一些。因此，我们能看到这些恒星的亮度也相应地发生变化。天文学家称这些恒星为脉动变星，所谓脉动，是说它们像人的心脏一样，会发生搏动。

太阳不是一颗脉动变星，这对于我们人类是福音。不然，照射到我们地球上来的太阳光忽强忽弱，地球的气候变化就会剧烈得多，人类的生活也许就会更加多灾多难，甚至于这样的气候根本不适合人类生存，或者人类以及高级的生物没有合适的形成条件，从一开始就无

▲ 太阳和太阳风层天文观测卫星（艺术画）

从产生。

然而，世间事物，不变是相对的，变是绝对的。1960年，美国天文学家莱顿和他的合作者，采用了一种全新的观测和处理方法，细致地检测太阳表面各处的起伏变化，结果发现，太阳表面也存在一种有规律的脉动，这种脉动的周期大约是5分钟，因此就称为“5分钟振荡”。太阳的这种5分钟振荡，造成的太阳表面起伏变化的幅度大约在25千米左右，起伏的平均速度约每秒300米。整个太阳表面，并不是步调一致地同时起伏，而是不同的区域有先有后，每个区域的尺度在1 000千米到5万千米。太阳的半径约为70万千米。可以想见，与整个太阳的大小相比，太阳表面的脉动是极其微弱的，在通常情况下完全无法觉察。

科学的伟大就在于能从平凡和细微之处洞察其背后的要义和奥秘。尽管在莱顿等人发现太阳5分钟振荡之后的十多年中，对于这种振荡的性质并没有更多的了解，因此没有引起更多天文学家的重视。然而到了20世纪70年代，深入的研究揭示了这种振荡的规律和起因的复杂性，原来它是发生在太阳内部的共振声波，是探测太阳内部尤其是对流区的极佳工具。

用观测太阳光球脉动的方法来探求太阳深处的秘密，

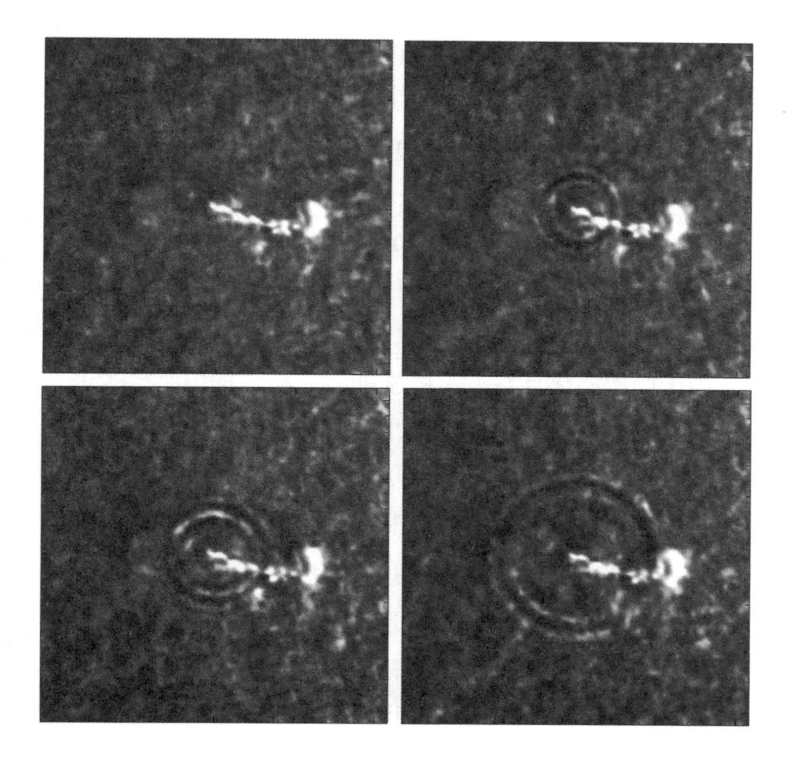

◀ 由耀斑爆发引起的一次日震，用太阳和太阳风层天文观测卫星上的仪器拍摄

这有点像医生用听诊器倾听人的脉搏来了解人的心脏。太阳内部物质的运动会产生声波，光球表层的脉动是太阳内部传播的声波反射到表面而产生的，声波不仅能使光球表层局部区域的气体随之上下运动，而且还能深深地穿透太阳内部。这与地球的地震非常相像，因此就称为日震。利用日震来研究太阳内部结构，原理类似于利用地震来研究地球内部结构，因此称为日震学。通过日震学的研究，不但可以探测太阳的内部结构，而且能够测定太阳内部的较差自转。

日震学观测的第一个结果是发现太阳对流区的深度比原先认为的要深，因此底部的温度也更高。根据这一发现，对流区的深度约为 20 万千米，而对流区底部的温度约为 200 万摄氏度，而以前的估计，对流区深度仅约 14 万千米，底部温度仅为 70 万摄氏度。通过日震学理论与观测结果的比较，证明现在的恒星结构与演化理论大致是正确的，然而观测与理论之间仍有明显差别，说明了用于恒星演化计算的某些物理假定和数据仍有待改进。

日震学观测可以测定太阳内部的较差自转。在太阳表面，赤道附近的自转最快，其周期只有大约 25 日，而在中纬度区域则减慢到 27 日左右，两极附近甚至慢到 30 多天。日震学观测结果表明，在太阳内部，赤道附近自转向内减慢，两极附近则向内加快，而中纬度区域几乎不随深度变化。在接近太阳对流区的底部，经过一层很薄的过渡区，不同纬度区自转的步伐变得一致起来，成为像地球一样的刚体自转。

（王家骥）

太阳活动的 11 年周期

19 世纪初，德国一位姓施瓦贝的天文爱好者，用投影方法观测太阳黑子作为消遣。每天，只要看得见太阳，他就这样做。他把每次观测到的太阳黑子数目汇集在一起，写成观测报告寄给有名的德国天文学术刊物《天文通报》，可是这份刊物的主编认为这些数据没有什么用处，迟迟没有刊登。

过了 25 年，施瓦贝根据他观测到的太阳黑子数目和面积，推算出黑子的变化有大约 11 年的周期。这个周期里有极盛时期，那时太阳表面不断地遍布着黑子；还有极衰时期，那时常常一连几日、几周甚至几个月没有一颗黑子出现。后来，瑞士苏黎世天文台的沃尔夫从望远镜观测资料，证实了施瓦贝的观测结果。

黑子在太阳表面上出现的纬度，也有大约 11 年的周

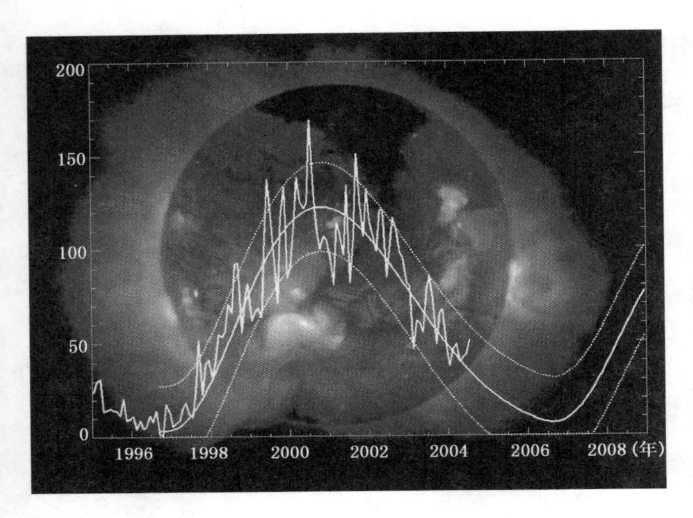

▲ 第 23 太阳活动周的太阳黑子数，其中剧烈起伏的曲线是实际观测结果，中间平滑的实线和上、下两条虚线是预测数值及其误差范围

期变化。在太阳黑子数出现极少之后，一个新的周期开始，这时太阳黑子出现在日面纬度 40 度左右的中纬度区域。在黑子数极多年份，黑子大多数出现在日面纬度 15 度左右的低纬度区域。到这一周期结束前，黑子出现的区域在日面纬度 8 度左右。太阳黑子的这种纬度变化，充分说明了太阳黑子数量和面积以大约 11 年为周期的变化有着深刻的物理原因，是太阳活动的一种本质特征。这一周期从太阳黑子数出现极小值为起点，到又一次出现极小值为结束，这样一段时间称为一个太阳活动周。天文学家还给太阳活动周编了号，从 1997 年开始的这个太阳活动周，为第 23 活动周。

太阳黑子的磁场极性也与太阳活动周有关。在每个黑子群中，通常有两个主要黑子，西边的叫前导黑子，东边的叫后随黑子，两者的极性通常相反。在同一个太阳活动周内，以日面赤道为分界，若北半球前导黑子为 N 极，后随黑子为 S 极，那么南半球前导黑子就为 S 极，后随黑子就为 N 极。然而到了下一个太阳活动周，两个黑子的极性会发生倒转，即北半球前导黑子为 S 极，后

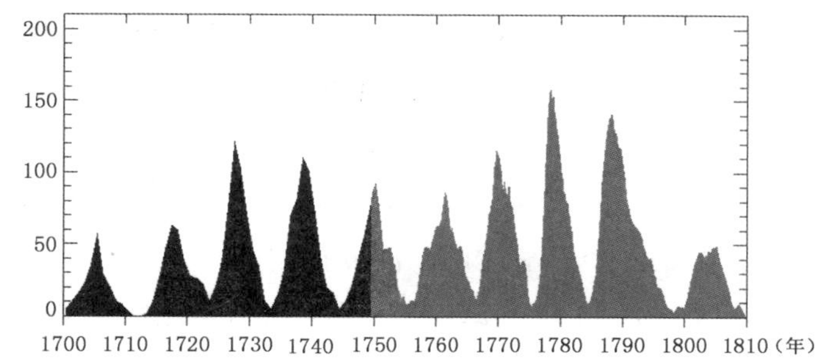

◀1700 年以来太阳黑子数的变化，其中深色为年平均数，浅色为月平均数

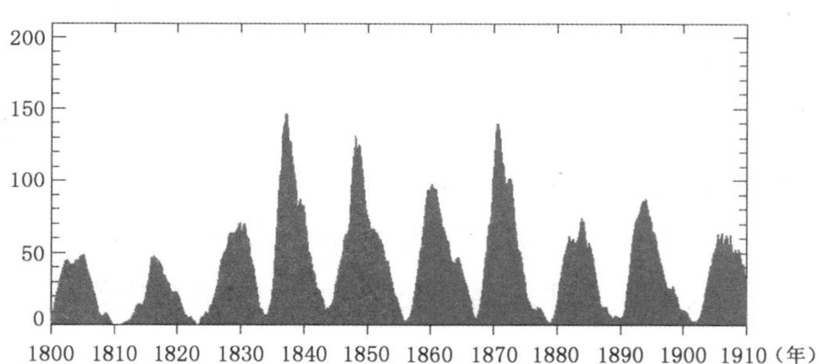

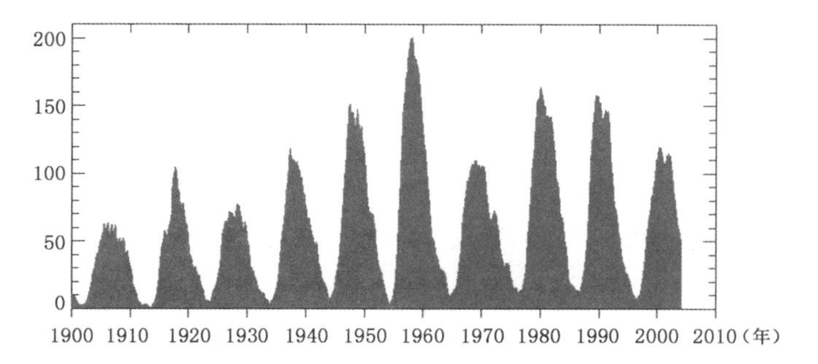

随黑子为 N 极，而南半球的情况则相反。因此从磁场活动来看，太阳活动的周期应该是 22 年。

太阳的其他活动现象，例如耀斑、日珥、日冕物质抛射等等，也都与太阳活动周有紧密关系。例如，日珥的数目和总面积，在一个活动周开始和结束时均为极小，而在其中间达到极大，而且在日面上出现的区域也有与黑子类似的变化规律，而强耀斑和猛烈的日冕物质抛射，也是在太阳黑子数的极大年前后出现得更频繁。

究竟是什么原因造成了太阳活动具有 11 年的周期，至今仍然是一个不解之谜。需要指出的是，说一个太阳活动周大约是 11 年，这只是一种平均的结果。实际上，太阳活动周期的长短不是恒定的，而且变化很大，有的不到 9 年，有的超过 13 年。分析三百多年来太阳黑子数的变化曲线，可以看到，除了大约 11 年的周期之外，还存在一些更长的周期，叠加在 11 年周期之上，使得不同太阳活动周极大年的太阳黑子数出现大幅度波动。这说明，导致太阳活动周期性变化的机制相当复杂，还有待于进一步的深入研究。

（王家骥）

太阳的 X 光照片

我们到医院检查身体，常要做 X 光透视，必要时还要拍 X 光照片。X 光又称 X 射线，是一种波长比紫外线还短的电磁波，波长介于 0.01 到 10 纳米之间。X 射线有较强的穿透能力，用于身体检查的 X 射线，能够透过皮肤、肌肉等组织，但穿透骨骼和例如结核病灶的能力较差。因此，通过 X 光透视或拍摄 X 光照片，可以获得骨骼和内脏的健康信息。

1938 年，美国海军研究实验室科学家哈尔伯特在探讨地球电离层的形成时，注意到了来自太空的 X 射线。然而，当时并不知道这些 X 射线是太阳发出的。来自太空的 X 射线在地面上空几十到一百多千米的高度就被大气完全吸收，不能到达地面。

1946 年，在哈尔伯特的领导下，开始应用在第二次世界大战中从德国缴获的 V2 火箭，把仪器设备发射到高空对太阳进行探测。1948 年 8 月 6 日，他们第一次确切地测量到了太阳的 X 射线。此后 10 年，他们继续进行这方面的观测，结果证明，太阳是一个很强的发射 X 射线的天体。哈尔伯特等人的工作，开创了天体物理学的一个重要分支学科——X 射线天文学。

在进入太空时代以后，对天体发射的 X 射线的观测就由专门的卫星来担当了。从此，太阳的 X 射线观测得到了飞快发展。几十年间，曾有许多具有观测太阳 X 射线能力的卫星先后被发射上天。

观测结果表明，太阳 X 射线主要是从日冕发出的。因此，与人体的 X 光照片显示的是人体内部情况不同，太阳的 X 光照片展现的却是它的外部大气高层的情况。日冕物质极其稀薄，处在高度电离状态，其中的带电粒子受到太阳磁场的磁流体力学作用加热，温度高达上百万摄氏度。太阳的 X 射线正是由日冕物质中的电子在这样的高温下产生的。

在太阳的 X 射线像上，冕洞是最大、最突出的结构。冕洞的 X 射线辐射强度明显比日面的平均 X 射线辐射低，在图像上呈现为大片的暗黑区域。冕洞大致可分为极区冕洞、孤立冕洞和延伸冕洞三种。

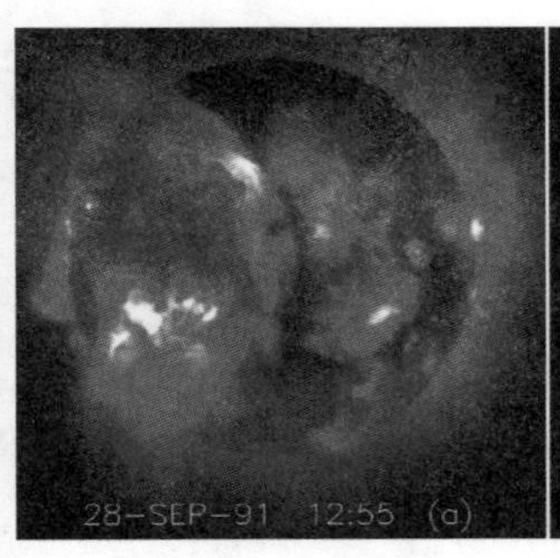

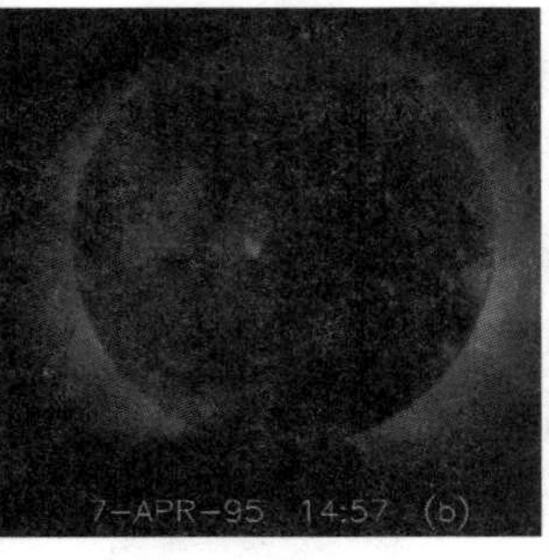

▼ 太阳的 X 射线像：(左) 太阳活动极大期；(右) 太阳活动极小期

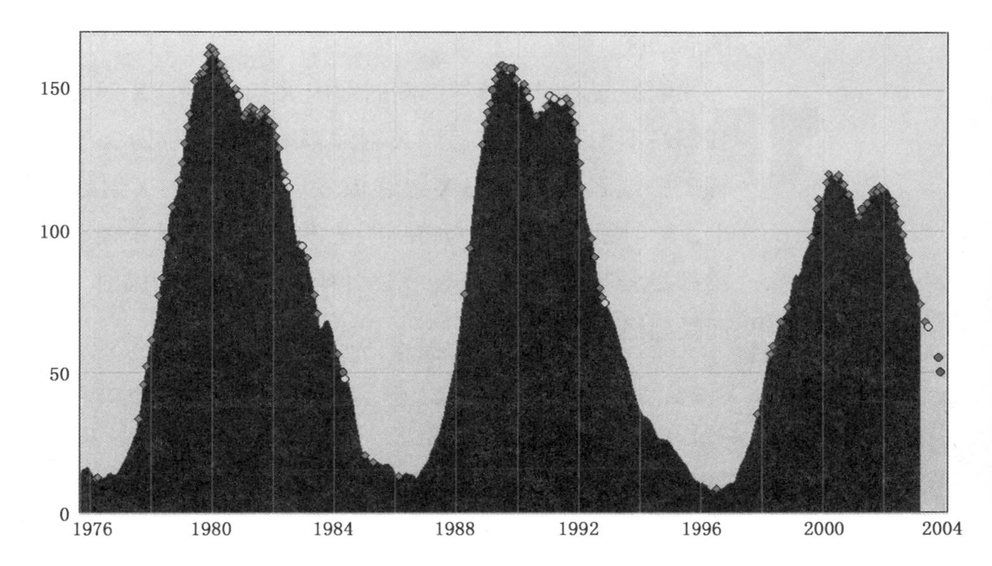

▲ 太阳黑子数与 X 级耀斑的关系

冕洞的总面积约占日面的 1/5 左右，其中 3/4 是面积很大的极区冕洞。有趣的是，当一个极区冕洞变大时，另一个极区冕洞就缩小，从而使两极的冕洞面积之和基本保持不变。

与冕洞相反，在太阳的 X 射线像上还可以见到一些比周围明亮的区域，它们称为日冕凝聚区。日冕凝聚区大致成环状或亮点，前者称为冕环。日冕凝聚区内部有精细结构，高度约为 10 万千米，温度达到几百万摄氏度。日冕凝聚区的 X 射线辐射比周围日冕强几十倍。

冕环是光球能量输往日冕的主要通道，它们连接着不同的太阳局部活动区或者单个活动区内两个极性相反的磁场区域。太阳 X 射线像上的亮点与局部活动区无关，但像活动区一样具有封闭的磁场结构，可能是处于雏形的活动区。

耀斑爆发时，通常都同时发出 X 射线，但 X 射线的强弱各不相同。具有强烈 X 射线辐射的耀斑称为 X 射线耀斑，或者称为太阳 X 射线爆发。在太阳的 X 射线像上，X 射线耀斑呈现为特别明亮的斑点。X 射线耀斑通常都是异常强烈的耀斑，常常伴随着日冕物质抛射，因而受到格外重视。

（王家骥）

日地关系和太空气候

当太阳上出现耀斑和日冕物质抛射等剧烈的太阳活动时，来自太阳的紫外线、X 射线等辐射以及太阳风都会增强，从而对地球产生各种短期的和长期的影响。日地关系研究的就是这些影响。

由于耀斑和日冕物质抛射等太阳活动大多发生在大黑子群中，而太阳黑子是最容易观测的太阳活动现象，因此，在研究日地关系时，常常把太阳黑子数作为太阳活动程度的指标。早在 1801 年，英国天文学家威廉·赫歇尔就指出，年降水量与黑子数有关，这是最早的日地关系研究。

今天我们已经知道，太阳活动对地球的影响首先表现在太阳风对地磁场的影响。在地球周围空间，地磁场受到太阳风的影响，朝向太阳的方向磁力线受到压缩，而背向太阳方向的磁力线被太阳风拖拽延伸，其结果形成一个彗星状的磁层。朝向太阳的磁层顶离开地心为 8～11 倍地球半径，太阳风增强时，压缩到 5～7 倍地球半径。背向太阳的磁尾截面宽约 40 倍地球半径，长度可达几百甚至一千倍地球半径。

日冕物质抛射会使太阳风强度大大增加，即引起太阳风暴。如果太阳风暴向着地球而来，地球的磁层受到剧烈压缩和扰动，从而使地磁场出现突然剧烈的变化，称为磁暴。磁层的压缩和扰动还会使得地球大气电离层发生变动，大气中出现强大的带电粒子流。电离层的变化将会影响短波无线电通信，而大气中强大的带电粒子流会使地面产生强大的感应电流，从而有可能对供电系统造成破坏。

强大的太阳风暴还有可能威胁到人造卫星的安全，在历史上曾经有过这方面的事例。最近的一个例子是日本的环境监测卫星“绿色 2”号。这颗卫星发射上天还不到 1 年，在 2003 年 10 月 25 日出现故障而报废。当时，恰好有一股强大的太阳风暴袭击地球周围空间。造成这一故障的原因，虽然元器件本身很可能存在缺陷，可是太阳风暴至少起了触发作用。

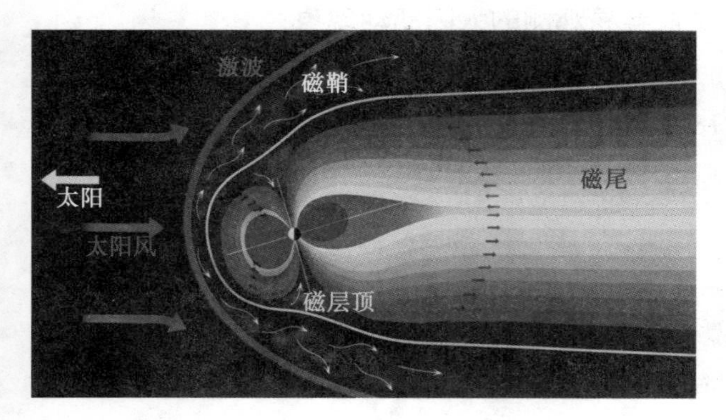

▼ 在太阳风作用下的地球磁层

太阳风的速度为

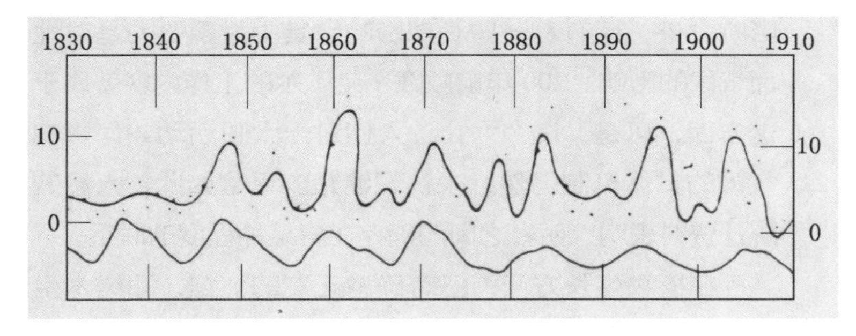

◀ 树木年轮疏密（上曲线）与太阳黑子数（下曲线）的关系

每秒几百到一千千米，太阳风暴在太阳上产生之后，需要 1 ～ 3 天才能到达地球。因此，只要能及时观测到太阳上强耀斑爆发和日冕物质抛射，提前对将要来到地球附近空间的太阳风暴做出预报，是完全可能的。另外，如果日冕物质抛射不是向着地球而来，对地球就不会有什么影响。现在，国际上已经有专门的机构，利用太空和地面观测设备，对太阳活动进行不间断监测，据此发布每天的太空气候报告。

耀斑等太阳活动除了造成太阳风暴之外，还会使紫外线和 X 射线辐射大大增强。这些辐射属于电磁波辐射，以光速行进，因此只要八分多钟就可到达地球。强烈的紫外线和 X 射线辐射会使地球大气电离层中的离子浓度升高，从而对电离层产生影响。对于这种影响的预报，需要对大黑子群内的磁场结构变化进行监测，对于其中正在酝酿着的耀斑爆发进行预测。这方面的工作现在也已经取得了很大进展，可以提前一两天或者数天做出预报，当然准确性不如太阳风暴那么高。

太阳活动对地球的影响，除了如上所述各种短期的影响之外，还有着一些长期影响，其中最重要的是对地面气候的影响。200 年前威廉·赫歇尔的工作内容就属于这方面，可是，迄今为止，人们对于太阳活动如何影响气候的具体机制仍然远未认识清楚。尽管如此，大量的统计资料表明，两者之间的确存在着某种程度的联系。

在植物生长方面，已有确凿无疑的证据，即树木生长的年轮疏密明显地呈现出 11 年的周期性。

（王家骥）

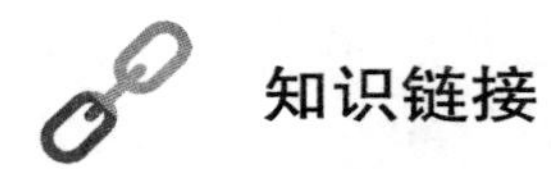

日冕物质抛射

人们通常把太阳现象分为宁静太阳现象和活动太阳现象。而活动太阳现象中的爆发现象主要包括太阳耀斑、爆发日珥和日冕物质抛射（CME），其中又以日冕物质抛射最为剧烈。这些爆发现象的主要特征就是在极短时间内（几十分钟）释放出极大的能量。

由于太阳离地球很近，因此这些能量的释放就可能对地球产生严重影响。已知的包括对空间探测和宇航的影响、对卫星运行和通信的影响、对依赖电离层的地基通信的影响，以及电网和电力设施，甚至输油管道的影响。它的影响可以说覆盖了地球上人们生活的各个层面。

太阳的死亡和白矮星

天狼星是我们看到的全天空最明亮的恒星，离开我们约 9 光年远。它相对于我们的运动速度为每秒 17 千米，由于距离较近，在天空中相对于其他遥远的恒星每年移动的角度达到 1 秒多，比较容易在望远镜上用精密的测量设备测量出来。1844 年，德国著名的数学家和天文学家贝塞尔分析天狼星的测量结果，惊奇地发觉它的运动路线不是一条直线，而是波浪形的。他推断，天狼星旁边一定有一颗看不见的恒星在围绕天狼星转动。这颗看不见的恒星质量不应该太小，正是这颗恒星与天狼星之间的强大引力，使得这两颗恒星互相绕转，从而使天狼星的运动路线呈现出波浪形。天文学家把像这样两颗靠得很近、互相有引力作用而彼此绕转的恒星称为双星，其中较明亮的那颗星叫作主星，另一颗星就称为伴星。1862 年，美国人克拉克用他自己制造的望远镜看到了天狼星的伴星，它的亮度只有天狼星的万分之一。

天狼星的发光强度即光度约为太阳的 250 倍，天狼星伴星的光度只有太阳的 2% 多些。这说明，这颗伴星不仅仅看上去暗，而且发光强度确实比较低。由于发光强度低的恒星体积相对来说也小，而这颗伴星发出的光颜色是白的，天文学家就把这样的恒星叫作白矮星。根据计算，这颗伴星的体积只有地球的一半，可是质量却与太阳差不多。这也就是说，这颗伴星上物质的平均密度，是水密度的 380 万倍。如此高密度的物质已经不是一般的物质，这种物质状态称为简并态。简并态物质超高的密度使得原子核外的电子层被挤破，原子核都裸露了出来。

那么，白矮星是怎样形成的呢？

以太阳来说，在它变为红巨星之后，中央氦核心的密度和温度不断升高，当温度达到 1 亿摄氏度时，就开始了氦燃烧这种热核聚变反应，把氦聚变成碳和氧，并且释放出能量，致使氦核心的体积有所膨胀。同时，外面的氢燃烧壳层中的氢聚变反应还在继续。氦燃烧的速度比氢燃烧快得多，在氦核心的中央，氦很快耗尽，形成一个主要由碳和氧构成的核心。这个碳氧核心，因为又没有了热核反应提供能量，从而进一步剧烈收缩。但是，质量和太阳差不多的恒星，不会再进一步发生碳燃烧、氧燃烧等聚变反应。这些恒星的碳氧核心收缩时，达不到能够发生碳燃烧、氧燃烧的温度。

于是，我们的太阳将变成一颗有两个壳层在燃烧的恒星，其中靠外面的是氢燃烧壳层，里面则还有一个氦燃烧壳层。在氦燃烧壳层里面，是一个碳氧核心；在氦燃烧壳层与氢燃烧壳层之间，是尚未燃烧的氦；而在氢燃烧壳层外面，是尚未燃烧的氢。这时整个星体的体积又会膨胀，甚至变得比红巨星还大，而中央的碳氧核心内的物质密度不断升高，成为简并态。氢燃烧壳层越来越靠近星体表面，使得星体的外层不稳定，反复地交替发生大幅度膨胀和收缩，最终会与星体的核心分离，向星际空间扩散，形成所谓行星状星云。

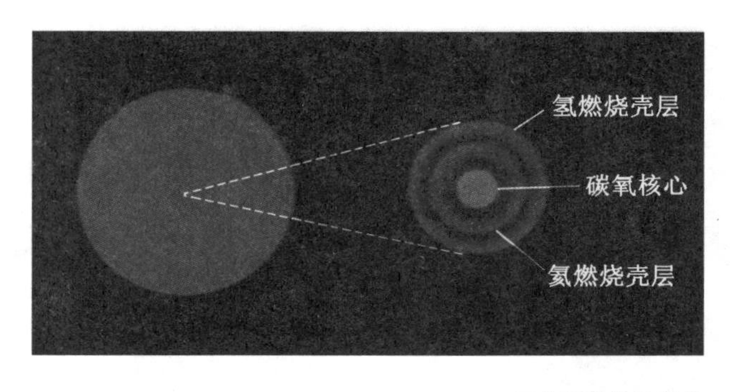

▲ 双壳层燃烧阶段的太阳结构示意图

像太阳这样的恒星，在出现双壳层燃烧并进入不稳定状态之后，一旦把它自己的外层物质抛掉，那也就意味着它的死亡。恒星在抛掉外层物质之后，就把里面的处在简并态的碳氧核心裸露了出来，也就成了一颗白矮星。白矮星不会发生热核聚变反应，它没有核能源，只能依靠进一步收缩，把引力能转化为热能，继续发光。天文学家以热核反应的开始作为一颗恒星生命的起点，而如若这颗恒星内部的热核反应停止了，那么它的生命自然也就结束了。因此，白矮星虽然也能发光，却已经不是真正意义上的恒星，它只能算是恒星死亡之后的残骸。

▲ 有名的行星状星云——天琴座环状星云

一颗质量与太阳差不多的恒星，从变成红巨星算起，直到变成白矮星死亡，这段时间比它作为主序星的时间短得多。就太阳而言，据估计，也就是 20 ～ 30 亿年。

然而，“百足之虫，死而不僵”。白矮星尽管没有核能源，可是它的发光强度非常小，因此依靠引力能转化，仍然可以维持很长时间发光。据计算，一颗白矮星的寿命，甚至可以长达 100 亿年，与太阳作为一颗恒星的寿命差不多长。当然，在漫长的岁月里，这颗白矮星随着引力能逐渐耗竭，会变得越来越冷，越来越暗，最终变为一颗不发光的“黑矮星”。

（王家骥）

太阳的复杂空间运动

宇宙中的各种物质形态无不处于运动之中，太阳也不例外。哥白尼的日心说正确地认识了太阳在太阳系中的地位。但是，在他的日心说中，认为太阳处于宇宙中心而且是不动的观念却是错误的，这一点已为后人所纠正。实际上，太阳处于很复杂的运动之中。

首先，太阳是有自转的。伽利略开创了用望远镜观测天体的时代，他做出了一系列重大发现，其中包括发现太阳黑子，并根据黑子在日冕上的运动认识到太阳有自转。现在知道，太阳自转的方向与地球自转的方向相同，但由于太阳是一个气体球，太阳表面不像地球那样有一个固体壳层，因此太阳表面纬度不同的地方自转速度是不一样的：在太阳赤道上自转最快，纬度越高，自转越慢，这种形式的自转称为较差自转。通常说太阳的

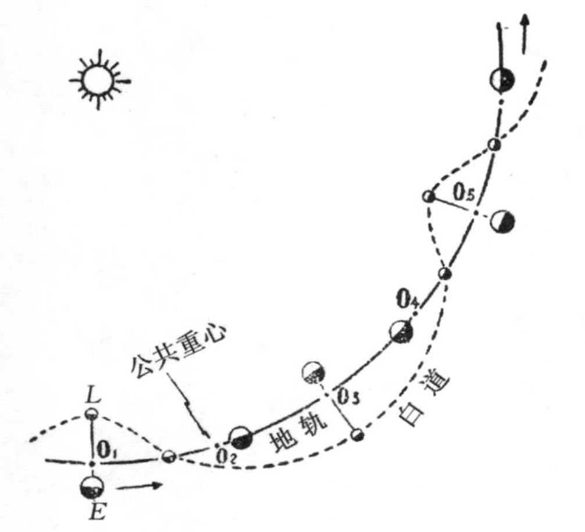

▲ 地月系质心的运动

自转周期为 27.3 天，这是指从地球上观测到的、日冕纬度 17° 处的太阳自转周期，称为会合周期。由于地球在绕太阳公转，这个 27.3 天并不是太阳的实际自转周期。太阳相对远方恒星的实际自转周期是 25.4 天，称为太阳自转的恒星周期。太阳赤道上的会合周期为 25.5 天。

其次，就太阳系范围来说，太阳也并不是固定不动的。为了说明这个问题，先来讨论一下地球—月球系统的运动。通常我们说月球绕着地球公转，实际上在地月系统中地球和月球是在作互绕运动，也就是地球和月球都绕着地月系统的质心作轨道运动，而这个质心则绕着太阳公转。不过，因为地球的质量比月球大得多，地球绕地月系统质心的运动轨道要比月球小得多。在专业天文研究工作中，有时必须考虑这种比较复杂的运动状况。

根据同样的道理，严格来说，太阳系内所有的天体都绕着太阳系的公共质量中心（质心）运动，太阳也不例外。只是因为太阳的质量很大，约占太阳系总质量的 99.8%，其他所有天体的质量加在一起也只及太阳质量的 0.2%，太阳系的质心实际上位于太阳之内，太阳绕这一质心的运动幅度是很小的。运动都是相对的，通常说的地球、行星或彗星、小行星绕太阳的运动，都是指这些天体相对太阳的运动，而这种相对运动的概念可以帮助我们比较容易对天体运动的状态取得清晰的图像。

太阳位于银河系内，离银河系对称平面不远，距银河系中心约 2.6 万光年。太阳携带着包括地球在内的太阳系全体成员，在银河系内绕着银河系中心运动。这种运动可以看作是两个运动成分的合成，一个是太阳随着附近的恒星群一起，绕银河系中心作圆轨道运动，轨道运动平面与银河系对称平面近乎重合，运动速度约为每秒 220 千米，转过一整圈需要 2 亿多年时间。因此，太阳自诞生以来，已经绕银河系中心转了二十多圈。另一个是太阳相对附近恒星群的运动，称为本动，运动速度约为每秒 20 千米，运动方向与天球的交点称为太阳运动的奔赴点，奔赴点位置离织女星不远。

银河系只是星系世界中的普通一员，它与附近大大小小几十个星系组成了一个星系集团——本星系群，尺度范围约为 650 万光年，其中银河系和仙女星系是两个最主要的成员。本星系群是一个受万有引力束缚的系统，内部各个成员之间存在着相对运动。具体运动状况当然是很复杂的，比如，银河系与仙女星系约以每秒 120 千米的速度相互接近，而太阳相对本星系群质心的运动速度约达每秒 310 千米。

在更大的范围内，本星系群又与大约五十个大小不同的星系群和星系团构成了一个更大的天体系统，这就是本超星系团。包括太阳在内的银河系全体成员必然参与本超星系团的内部运动。银河系绕本超星系团中心公转一周约需要 1 000 亿年，银河系自诞生以来大约只转过了十分之一周。

根据宇宙大爆炸理论，今天宇宙从总体上说仍处于不断膨胀之中，构成宇宙的基本单元——星系之间的距离在不断拉大，星系在不断地相互远离，其中自然包括银河系。从这一点上来说，太阳也参与了宇宙的整体膨胀运动。

尽管太阳在宇宙空间中的运动情况十分复杂，但天文学家根据哥白尼日心学说对太阳系天体运动状态的认识仍然是正确的。比如，无论是长期、准确地预报日全食，还是为空间探测器设计合理的飞行轨道以实现人类登月或拜访火星，天文学家无须顾及太阳的种种复杂运动成分，只需仔细考虑太阳系内天体相对太阳的运动和主要天体相互之间的引力作用就够了。

（赵君亮）

难以觉察的恒星高速运动

古时候，人们发现天上除了少数几颗星星之外，绝大多数星星在几十年甚至几百年内，相互间的位置没有什么变化。因此，认为前者是在运动的，称为行星；后者则是不动的，称为恒星。恒星这一名不副实的名称一直沿用到今天。实际上，恒星也在一直不停地运动着，速度可达每秒几十千米甚至更快，只是由于它们离开我们极其遥远不容易觉察到罢了。

速度包含了大小和方向两个方面内容，它是一个矢量，而矢量是可以分解的。天文学上通常把天体的运动速度沿两个方向分解，一个是沿观测者到天体的视线方向，称为视向速度，以每秒千米为单位；一个是与视线相垂直的方向，称为自行。后者也就是我们直观上所看到的、天体在天空上位置的变化速度，以每年角秒为单位。

英国天文学家哈雷于1718年首先发现恒星的自行现象。他把天狼星等若干颗亮星当时的位置和托勒密星表上的位置作了比较之后，发现这些恒星的位置大约有月亮直径（0.5度）那么大的变化，这一变化就是恒星在约1 500年期间自行运动的结果。测定恒星自行的基本原理是，相隔一段比较长的时间，测定同一颗恒星在天球上的位置，并加以比较，从而确定该恒星每年在天球上移动的角度，称为恒星的年自行。肉眼可见恒星的年自行大多小于0.1秒，而暗星的自行一般还要小。目前所知自行最大的恒星是蛇夫座的巴纳德星，年自行为10.31秒。即使是这颗星，也得经过350多年才移动1度，无怪乎古人没有发现恒星的自行现象，以至把它们当作是恒定不动的天体了。今天，天文学家已经测定了两百多万颗恒星的年自行，精度达到千分之一角秒。

恒星自行虽然很小，但是在漫长的岁月中，它会使恒星间的相对位置发生显著的变化。在天空中，由一些星星构成的图案，如北斗七星，是我们所熟悉的。由于恒星自行的缘故，在十万年前或十万年后它的形状和现在就完全不同了。

恒星沿视线方向的运动与自行的情况不同，它使恒星远离或靠近我们，但不会改变我们所看到的恒星在天空中（即天球上）的位置。那么怎样测出恒星的视向速度呢？这需要应用物理学上的多普勒效应。以高速运动的火车通过站台时汽笛声的变化为例，当它接近我们时汽笛声会变得比较尖（频率比较高，或者说波长比较短），而远离站台时汽笛声就比较粗（频率比较低，即波长比较长）。如果以 c 表示声速，v 为火车的运动速度，λ_0 为声源（火车）静止时声音的波长。由于声源在运动，我们实际所观测（听）到的声音的波长 λ 与 λ_0 是不同的，这就是多普勒效应，它的数学表达式是 $(\lambda - \lambda_0)/\lambda_0 = v/c$。声速 c 和静止波长 λ_0 是已知的，λ 可以通过观测来确定，于是利用多普勒效应即可得出声源（火车）的运动速度。

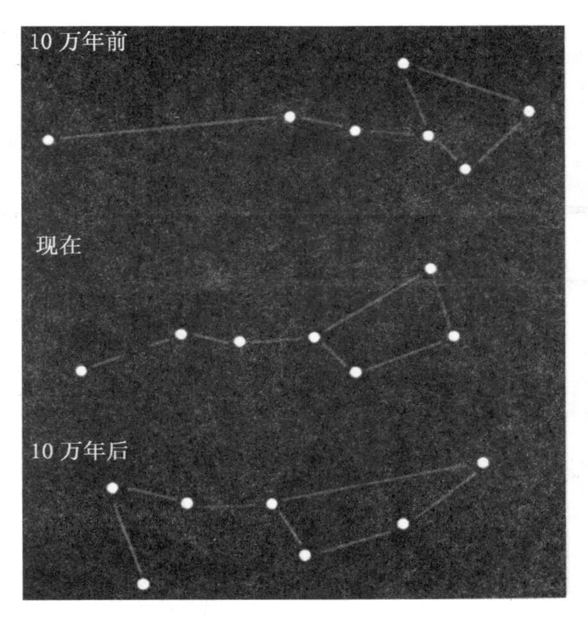

▲ 北斗七星形状的变化

光是一种电磁波，把多普勒效应用在恒星星光的传播上，上面公式中的 c 就是光速，v 是待确定的恒星的视向速度。借助摄谱仪可以拍摄到恒星的光谱。通常在恒星光谱中会有一些吸收谱线，这些谱线是由恒星大气中的各种元素吸收恒星光辐射所造成的，而且一定的元素严格对应着一定波长的若干条吸收线。只要把恒星的观测光谱与某种元素（比如铁）的实验室标准光谱相比较，就会发现恒星光谱中铁谱线的波长（即运动光源的波长 λ）与实验室中铁谱线的波长（即静止波长 λ_0）是不同的，两者之间产生一定的位移 $\Delta\lambda = \lambda - \lambda_0$。铁的静止波长是已知的，$\Delta\lambda$ 可以通过观测得到，于是即可由多普勒效应求得恒星的视向速度 v。这就是天文学上确定天体视向速度的原理。大量的观测表明，约有 50% 恒星的视向速度不超过每秒 18 千米，大约 80% 恒星的视向速度不超过每秒 30 千米。

通过自行和视向速度的测定，我们就知道了恒星空间运动的速度和大小。任何运动都是相对的，观测得到的恒星空间运动（包括自行和视向速度）必然由两部分组成：一部分是因太阳运动引起的恒星运动，另一部分是恒星自身的运动，后者称为恒星本动。对于一大批恒星来说，它们本动的方向和大小是杂乱无章的，因而平均值接近于零。根据这一点，可以利用大批恒星的自行和视向速度来确定太阳的运动。现已知道，太阳相对附近的恒星以大约每秒 20 千米的速度朝着织女星附近方向运动，在近 20 个小时的时间内才能移动自己直径大小那么一段距离，从天文学的角度来看这种速度实在是很慢的。

（赵君亮）

从恒星颜色知其表面温度

在晴朗的夜晚，满天星斗有的呈蓝色，有的呈橙黄色，有的则是暗红色。正是这些颜色，为我们提供了有关恒星的许多重要物理性质。

在日常生活中，你也许有过这样的经验：当我们用煤气烹饪食物时，火焰在平时是蓝色的；可是到了除夕之夜，由于大家都在烧年夜饭，煤气显得不足，火焰便变成了黄色，烹饪食物所需要的时间也长了。这个现象告诉我们，蓝色火焰的温度高，黄色火焰的温度低。同样的道理也适用于天上的恒星：蓝白色恒星表面温度高，橙红色恒星表面温度低。恒星的颜色和表面温度之间大体上有着以下的对应关系：

颜色	表面温度（℃）
蓝	25 000～40 000

蓝白	12 000 ～ 25 000
白	7 700 ～ 11 500
黄白	6 000 ～ 7 600
黄	5 000 ～ 6 000
橙	3 700 ～ 4 900
红	2 600 ～ 3 600

根据这样的关系，就可以由恒星的颜色大致上判断出恒星的表面温度。例如，太阳看上去是黄色的，它的表面温度约为 6 000 ℃；织女星是白色的，表面温度大约为 10 000 ℃；北半球夏秋之交的南方天空中可以见到火红色的恒星心宿二（即天蝎 α），它的温度约为 3 000 ℃。

上面的关系显然是太粗糙了。温度可以作定量计算，但颜色是无法定量计算的。为了表示颜色上的少许差异，在日常生活中往往用浅黄、深黄、橙黄、橙红一类的形容词来描述介于两种颜色之间的某种色调。显然，这样的表述方式仍然是不严格的，难以和温度一一对应。为此，必须另辟蹊径。

实际上，所有的恒星都会发出各种颜色的光，比如用棱镜就可以把太阳光分解成“七色光”即是明证。只是有的恒星发出的黄光相对比较强，看上去呈现黄色（太阳就是这种情况）；有的恒星主要发红光，从而表现为红色，等等。因此，对同一颗恒星来说，它所发出的不同颜色光的强度是不一样的。

天文学上用星等来定量地表述天体的亮度，星等数越小，亮度越高。因而对同一颗星的不同颜色光便有不同的星等，称为星等系统。不同颜色对应着不同的波段，而不同探测器对不同颜色光的敏感程度是不相同的。所以，为了测定天体不同颜色的星等，需要用不同的探测器，并配以相应波段的滤光片以限定接收器所能探测到的波长范围。测定天体星等的探测器可以是人眼、照相底片、光电管、CCD 接收器，等等，其中以人眼的测定结果精度最低，因而往往代之以黄敏照相底片并配以黄色滤光片，得出的星等称为仿视星等（m_{pv}）。

在不同颜色星等组成的星等系统中，最常用的是目视星等和照相星等。人眼对黄光较为敏感，由人眼测定的星等称为目视星等（m_v）；用普通蓝敏照相底片测定的星等称为照相星等（m_p）。另一种常用的星等系统是所谓 *UBV* 系统。*U* 星等为紫外星等，所涉及的主要波长范围为 320 ～ 400 微米；*B* 星等代表蓝色，主要波长范围为 340 ～ 540 微米；*V* 星等代表黄色，主要波长范围为 470 ～ 630 微米。另外，上述两种星等系统之间还有着一些简单的近似关系，如 $V \approx m_{pv}$，$B \approx m_p + 0.11$。

同一天体在同一系统中的两种不同星等之差（规定以短波段星等减去长波段星等）称为天体的色指数，任何两种星等都可以构成色指数。因此，$B-V$ 就是一种色指数。根据色指数的定义不难理解，色指数越大，相对来说天体的颜色就越是偏向红色；色指数越小，天体的颜色越偏向蓝色。这样一来，色指数便以一种定量的方式与颜色联系了起来，而我们就可以通过色指数建立颜色和温度之间的定量关系，即不同色指数对应着确定的温度。上面以列表形式给出某些色指数与恒星表面温度之间的对应关系：

色指数（$B-V$）	表面温度（℃）
-0.2	18 800
0.0	10 800
0.2	8 190
0.4	6 820
0.6	5 920
0.8	5 200
1.0	4 530
1.2	3 920
1.4	3 480

由此可见，色指数越大，天体的表面温度越低；具有负值色指数的天体，表面温度都是很高的。除了 $B-V$ 外还有其他各种色指数，如 $U-B$ 等。对于太阳来说，它的色指数是 $B-V = 0.650$ 和 $U-B = 0.195$。除了与温度之间的确定关系外，不同色指数在天体物理研究中还有着其他的用途。

（赵君亮）

恒星“双胞胎”和“多胞胎”

在纷繁的星空中，我们可以看到有的两颗恒星相互之间离得很近。这可能会有两种情况，一种是由于透视造成的，这两颗恒星其实可能相距很远很远，仅仅是我们看上去处在同一方向；另一种情况是两颗恒星确实相距很近，彼此之间有万有引力相互作用，而且当初它们形成的时候就在一起，就像是“双胞胎”一样。后一种情况，天文学家称为双星。

双星中的两颗恒星称为双星的子星。其中，较亮的子星称为主星，较暗的子星称为伴星。并非所有的双星我们都能直接看出它们是两颗恒星，事实上，有很多双星离开太远，而两颗子星彼此之间相距又非常近，即使用最大的望远镜，看到的依然只是一颗星。然而，如果用摄谱仪观测这颗星的光谱，可以看到其中的光谱线都是两两成对的。这是因为双星中的每一颗子星都有自己的光谱，两颗子星的光谱会叠加在一起。可是，由于它们相互之间在万有引力作用下彼此绕转，在视线方向相对于我们的运动速度就有所不同，由于多普勒效应而产生的光谱线位移也就有所不同，于是两颗子星的光谱线在叠加时就会略微错开，看上去就成了两条。根据这一点，尽管不能直接观测到这两颗子星，可我们还是可以断定这颗恒星是双星。像这样的双星，称为分光双星。相应地，如果双星中的两颗子星能够直接观测到，不管是直接用肉眼还是通过望远镜，都称为目视双星。

有的双星，还会有第三颗子星。这第三颗子星，与原来的两颗子星相比，通常相距要远得多。这样的三颗恒星聚在一起，就好比是“三胞胎”，成为三合星。例如，离开我们最近的恒星比邻星和南门二，就组成这样的三合星。南门二是一对目视双星，离开我们的距离是4.39光年，主星与太阳差不多大，伴星比太阳略小，两者相距约为日地距离的100倍，相互80年绕转1周。比邻星的质量只有太阳的1/9，离开我们的距离是4.22光年，在天空中离开南门二的角度有近2.5度，与南门二的实际距离约为日地距离的16 000倍，可是与南门二之间仍有万有引力作用，以长达几十万年的周期绕南门二转动。

有名的北斗七星，其中斗柄3星中间的那颗恒星，名叫开阳。1650年，意大利天文学家利齐奥里发现开阳由两颗星组成，这是历史上最早发现的目视双星。1899

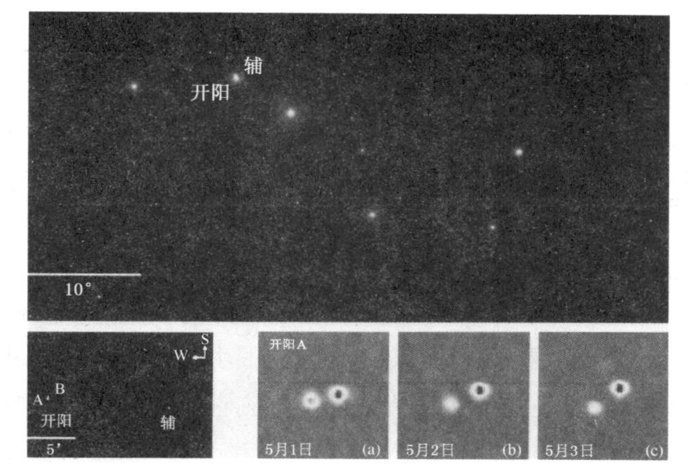

◀北斗七星中的开阳和辅组成了六合星，右下角的（a）～（c）图像是用现代光学干涉方法拍摄的开阳的主星，依靠光学干涉方法极高的分辨本领，这颗原来的分光双星的两颗子星被分离了开来，并可以看到它们在3天内相互绕转的情形

年，进一步又发现，组成开阳的两颗星中的主星，是分光双星。这是历史上最早发现的分光双星。1908年，组成开阳的两颗星中的伴星，也被发现是分光双星。因此，开阳是一颗四合星，4颗子星两两结合成分光双星，然后再组成目视双星。在开阳旁边，相距角度约1/5度，有一颗很暗但直接用肉眼尚能看到的小星，这颗恒星名叫辅。长期的研究表明，辅与开阳之间有万有引力相互作用，而辅也是分光双星。辅与开阳构成了六合星。对于像三合星、六合星等这样恒星出现“多胞胎”的情况，天文学家称其为聚星。

英国天文学家威廉·赫歇尔于1779年起开始有系统地搜索目视双星，编制目视双星表。后来有很多天文学家从事这项工作。到1963年，美国利克天文台的杰弗斯等人收集并发布了到1960年为止发现的64 247对目视双星的星表。已发现的分光双星数量较少，到 20 世纪 80 年代约为五千对。然而，这丝毫不意味着实际上分光双星比目视双星少，之所以已发现的分光双星数量比较少，主要是因为分光双星的发现要用摄谱仪拍摄恒星的光谱，观测上比目视双星困难。不过，分光双星与目视双星在本质上并没有截然分明的界限。

一些距离很远的双星，即使子星之间相隔的距离相当大，我们看上去的角度还是显得很小，无法直接通过望远镜分辨开来。如果尚能够拍摄到它们的光谱，能够依靠光谱确定它们是双星，那么就是分光双星。然而，当恒星距离非常远时，就会变得非常暗弱，光谱的拍摄就会因为亮度太暗弱而变得不可能。这样，我们就无从知道它们是不是双星。据估计在银河系的恒星中间，约有一半以上是双星或聚星。

（王家骥）

给远方的恒星“称重”

质量是一个重要的物理量。要知道物体质量的大小，人们立即会想到秤。然而，有不少东西的质量是不能用一般的秤直接秤得出来的。质量太小，秤就无能为力，比如分子、原子、电子等微观世界的粒子，秤就无用武之地，人们是靠物理学的客观规律“算”出来的。质量太大秤也力不能及。我国历史上的三国时期就有“曹冲秤象”的故事，那是利用水的浮力的原理间接秤出几吨重的大象的体重。至于月亮、太阳以及恒星这类巨大而又遥远的天体的质量，那就根本不能靠秤来解决问题，必须通过科学计算才能测出它们的质量。

16 世纪末，丹麦天文学家第谷对太阳系地内行星的运动作了大量的观测，积累了丰富的资料。第谷的学生、德国人开普勒在仔细分析这些观测资料的基础上，总结出了著名的行星运动三定律。其中1618年发表的第三定律指出：任何行星的公转轨道半长径（记为a）的立方与其绕日公转周期（记为p）的平方之比是一个常数。第三定律的数学表达式是$a^3/p^2 = GM/(4\pi^2)$，式中M代表太阳质量，而$G = 6.67 \times 10^{-8}$厘米^3/克·秒^{2}是万有引力常数，可以通过实验测出。嗣后，牛顿建立了万有引力定律，并把开普勒第三定律修正为$a^3/p^2 = G(M + m)/(4\pi^2)$，从而更准确地反映了行星运动的客观规律。

开普勒第三定律建立了行星公转周期、公转轨道半长径和质量之间的关系，根据这个定律可以计算出太阳的质量。如果把这一定律用于地球，那么a就是地球公转轨道半长径（天文单位），等于1亿5千万千米，也就是1.5×10^{13}厘米；p是地球公转周期，等于1年，即3.16×10^7秒。这样我们就可以算出$M + m = 4\pi^2a^3/Gp^2 = 2 \times 10^{33}$克。因为太阳质量要比地球质量大得多，所以太阳的质量就是2×10^{33}克，或者说2千亿亿亿吨！这样，根据开普勒第三定律，利用地球公转轨道半长径和地球公转周期，便得出了太阳的质量。

同样的原理可以用于测定双星中恒星的质量。恒星在宇宙空间中的分布是各式各样的。有的单颗存在，如我们的太阳。有的则两颗、三颗、多颗以至成千上万颗聚集在一起，称为双星、三合星、聚星、星团等等。在银河系中大约有半数甚至半数以上的恒星以双星形式出现，所以双星是很普遍的。双星中的两颗恒星都称为双星的子星，质量较大的一颗称为主星，较小的一颗称为伴星，伴星绕主星作椭圆轨道运动。从地球上看，伴星和主星的相对位置在不断改变，经过一定时间伴星绕主星转一周，就像地球绕太阳公转一样。因此，只要把 M 看作主星的质量，把 m 看作伴星的质量，就可以用开普勒第三定律得到双星的总质量。例如，天空中最明亮的恒星天狼星是一颗双星。通过天文观测得到伴星绕主星的公转周期为 $p=50$ 年，公转轨道半长径为 20 天文单位，于是由开普勒第三定律可以得到天狼星两子星的质量和为 3.2 $M_{\odot}$，这里 $M_{\odot}$表示太阳质量。

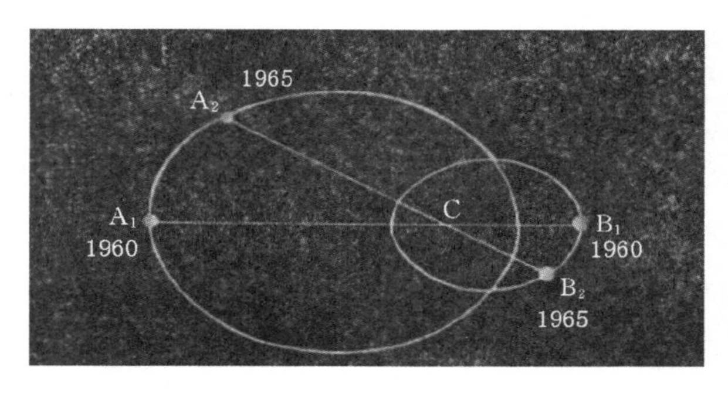

▲ 双星的轨道运动。A 为伴星，B 为主星，C 是系统的质心。数字是假定的年份

世界上一切运动都是相对的，双星也不例外。上面是假定主星不动，伴星绕主星运动，从而确定了双星的总质量。实际上主星、伴星都绕着双星系统的“质心”在作椭圆运动。主星质量大，轨道半长径小；伴星质量小，轨道半长径大，轨道半长径的大小与子星的质量成反比。由于在任意时刻主星、伴星和双星的质心总是在一条直线上，质心的位置就不难确定，于是可以得出主星与伴星的轨道半长径之比，也就是两者质量之比。有了双星系统的总质量和两子星的质量之比，就很容易得到主星和伴星的质量。比如天狼星的主星和伴星轨道半长径之比为 1∶2，因而它们的质量之比为 2∶1。已经知道两子星的质量之和为 3.2 $M_{\odot}$，于是不难得到主星质量为

2.2 $M_{\odot}$，伴星质量为 1 $M_{\odot}$。

遗憾的是，能够通过上述方法确定恒星质量的双星是很少的，而且完全不适用于单星。20 世纪 20 年代，天文学家在大量观测结果的基础上总结出了一条重要的经验规律：除了体积小、密度大的白矮星外，大部分恒星的光度（记为 L）越大，质量也越大，它们之间的关系为 $L = M^{\alpha}$，称为质光关系，其中幂指数 α 随恒星光谱型的不同而不同，平均来说有 $\alpha \approx 3$。对于单颗恒星来说，光度是可以测出的，而有了光度便可以利用质光关系来确定恒星的质量。

很明显，这种质光关系是大量观测的统计结果，也就是说对于一大批恒星而言这种关系总体上是成立的，但对具体某一颗恒星来说这种关系并不严格准确。因此，用质光关系确定的恒星质量，就没有用双星运动的方法来得准确，只能说是一种估算。不过对于遥远的恒星来说，这种估算还是比较可靠的。

地球以它庞大的“身躯”吸引着世界万物，它的质量是 6×10^{27} 克。太阳质量是地球的 33 万倍，达 2×10^{33} 克。无论从大小、年龄、光度还是质量来看，太阳在恒星世界中都处于中等地位。

（赵君亮）

绚丽多姿的梅西叶天体

查尔斯·梅西叶（1730—1817）是法国天文学家，热心于彗星观测，经他独立发现的彗星就有 13 颗，法国国王路易十四称他为“彗星猎手”。在梅西叶所处的年代之前，彗星的出现最为引人注目，加之人们对彗星的本质缺乏了解，这类奇特天体的出现往往使人产生恐惧感，甚至担心会把地球撞坏。到 18 世纪，西方关于彗星的迷信邪说已经没有太大的市场，而从 18 世纪下半叶起则出现了一股观测彗星的热潮。搜索彗星成了一种时尚，许多人都想拥有自己的望远镜，并不惜花费大量的时间和精力在天空中耐心地寻找，以期发现新彗星并获得由此带来的奖金和荣誉。

然而，发现一颗新的彗星在当时并不那么容易。要想成为新彗星的发现者，必须在离开太阳比较远因而彗

▲ 三叶星云 M20

星还相当暗的时候及早找到它。须知，彗星在远离太阳时既没有彗发，更没有彗尾，看上去只是一个暗淡、模糊的雾状斑点，而很多具有这种外形的天体并不是彗星。那时，人们把这类天体统称为“星云”，而“星云”的存在却给彗星猎手们带来了很大麻烦。

为了有效地解决这一问题，必须把这种所谓“星云”中的彗星和其他天体区分开来，而现在我们知道，除了彗星以外，在这些暗淡、模糊状斑点的天体中，有银河系中的星团和真正的弥漫星云，以及一些河外星系。区分出彗星的办法实际上很简单，那就是对所关注的对象相隔一段时间重复进行观测，如果发现它们的位置相对恒星发生了变化，那就是彗星。

1758 年，梅西叶本人在搜寻预报应该出现的哈雷彗星时，不经意间看到了金牛座中的蟹状星云。开始他误认为这就是他所要找的彗星，后来经过一段时间的观测，发现它并未在恒星之间移动，才明白这并不是彗星，而应该是“星云”。为了让后人在寻找彗星时能够很方便地把非彗星天体排除掉，少做无用功，梅西叶从此开始专心致力于星云状天体的观测，发现了许多星云、星团以及后来才知道的河外星系，并着手编表。他先是把所观测到的 45 个“星云”编制成表，于 1774 年公布于世。

后来又与另一位天文学家梅契因合作，不断寻找新的“星云”，经过三次增订，于1781年刊布了列有103个天体的星云表。

▲ 昴星团 M45

现在，人们把梅西叶编撰的这份专用星表称为《梅西叶星云星团表》，简称《梅西叶星表》。表中共有110个天体，称为梅西叶天体。表中的天体是按发现时间的先后次序排列的，并冠以英文大写字母M，这是因为参与该星表编制的两位天文学家梅西叶和梅契因的姓氏第一个字母都是M，而梅西叶天体又称M天体。例如，著名的蟹状星云是第一个发现的梅西叶天体，因而被冠以M1，即第一号M天体。

▲ 漩涡星系 M51

《梅西叶星表》中所收集的都是较早时期用小望远镜发现的天体，因而大多数比较亮，有的用肉眼也能看到，如昴星团（M45）等。因此，梅西叶天体可算是已知星云、星团和星系中的精华部分，尤其对天文爱好者来说特别具有观赏价值。即使对专业天文学家而言，有的梅西叶天体还极具研究价值，如猎户大星云（M42）可用于探索恒星的形成和早期演化，蟹状星云可用于研究恒星的晚期演化和超新星爆发，星系M82可用来研究星系中恒星的爆发式形成，等等。

每年 3 月下半月，是观测梅西叶天体的最佳时间段。在一个晴朗无月的夜晚，如果没有灯光污染，那么只要在充分准备的基础上抓紧时间，从傍晚到次日清晨一个接一个观测，就有可能在一个晚上观测到绝大部分甚至所有的梅西叶天体。这种一夜观测 100 个以上 M 天体的活动被称为梅西叶天体马拉松，一些西方国家的天文爱好者还经常组织“梅西叶天体马拉松竞赛”，中国的天文爱好者也已开展了此类观测活动。

梅西叶可谓是编制星云星团表的第一人。继他之后，随着观测设备的进步和新天体的不断发现，天文学家陆续编撰了许多内容更加丰富的星云星团星系和星系团表。在早期的这类星表中，最著名的当推 1888 年出版的《星云星团新总表》（NGC）及此后出版的《补编 IC 星表》，分别收录了 7 840 个和 5 836 个星云、星团和星系，而 110 个 M 天体是其中的精品。这些星表在天文工作中发挥了很大的作用，梅西叶的开创性贡献实乃功不可没。

（赵君亮）

美丽的星云世界

银河系内除了大约一千多亿颗恒星外，还存在许多亮度较为暗弱、外形比较模糊而又不规则的云雾状天体，这就是星云。绝大多数星云必须用望远镜观测才能窥其真貌，肉眼只能看到个别明亮的星云，而且看上去也只是一些模糊而又非常暗淡的光斑。

星云就其形成的原因可以分为弥漫星云、行星状星云和超新星遗迹三类。银河系内的恒星际空间中并非空无一物，而是存在着由气体和尘埃构成的星际弥漫物质，称为星际物质或星际介质。星际物质的密度极低，但分布是不均匀的，其中密度相对较高的地方便形成弥漫状的气体尘埃星云，也就是弥漫星云。这类星云形状很不规则，它们本身是不发光的。如果在星云中或星云附近有一个或几个高光度的亮星，星云就会因反射星光而为

▲ 猎户星云

▲ 马头暗星云

我们所看到，这就是反射星云。要是这些亮星的温度足够高，在它们的照射下星云便会受激发光，成为发射星云。反射星云和发射星云合称为亮星云。另一类是暗星云，在它们的附近不存在能使星云发光的明亮恒星，但我们可以在远方恒星的背景上看到这种暗星云的轮廓。

恒星在到红巨星阶段的末期，随着红巨星包层向外膨胀，恒星外层大气会抛出大量的物质，每秒高达 10^{21} ～ 10^{22} 克，这意味着整个包层可以在几千年内抛射完毕。分离出去的包层继续向外膨胀，体积变得很大，形成所谓“行星状星云”，相对来说行星状星云的外形算是比较规则的。

据估计，在银河系的一生（10^{10} 年）中，会有 10^{9} ～ 10^{10} 颗恒星经历行星状星云的阶段，因此这类星云很可能是一种普遍存在的天体。不仅银河系，在一些河外星系中也观测到了许多行星状星云，如在仙女星系和大小麦哲伦星云中就已发现有好几百个。

另一类星云是超新星遗迹。大质量恒星在演化到晚期时会发生超新星爆发，其结果是使恒星结构发生根本性的变化，甚至使恒星化为一片“灰烬”，这就是超新星遗迹。超新星爆发时，恒星外层向周围空间迅猛地抛出大量的物质，抛出物在膨胀过程中与星际物质相互作用，并为我们所看到。除了银河系，在一些近距离河外星系中也观测到了超新星遗迹。

▲ 行星状星云

大多数超新星遗迹具有丝状结构或壳层结构，它们向外膨胀的速度最高可达每秒数千千米，最慢的只有每秒几十千米。根据物质的膨胀速度，并从理论上假设这些物质同时因爆炸由一点向外膨胀，不难推算出超新星爆发所发生的时间和位置。比如，蟹状星云是1054年超新星爆发事件的产物，并由中国历史文献上的记载予以确证。又如天鹅座网状星云可能起源于2万年前的一次超新星爆发，古人很可能看到过这一事件。

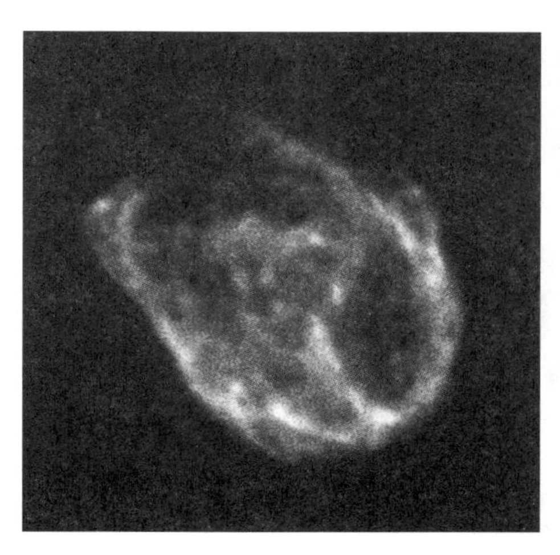

▲ 河外星系大麦云中的超新星遗迹

各类星云的观测和研究，对于探讨恒星的形成和演化过程具有重要的意义。

（赵君亮）